电力互感器现场检验

实训教材

山东电力高等专科学校 组编
主　编　徐家恒
副主编　杨巍巍　荣潇
参　编　宋　娜　刘超男　康婉莹
　　　　任　玮　吴建琪

中国电力出版社
CHINA ELECTRIC POWER PRESS

内 容 提 要

电力互感器现场检验属于电力营销专业中非常重要的一项技能，这项技能的实施，直接关系到电量在贸易结算中的公平公正。为了提高公司营销专业的互感器现场检验作业人员水平，确保现场试验的安全、规范、公平、准确可靠，作者结合近二十年的现场工作经验和十多年的培训工作体验，编写了本书。

本书主要介绍了在现场开展电力互感器现场检验的作业流程，具体包括电力互感器现场检验工作前的准备、环境检查及外观检查、绝缘试验、极性检查及基本误差试验等。

本书从现场实际开展的工作出发，以培训的视角，提炼出各个环节的实施步骤，辅以实物图片来展示各项任务，重在实际操作和技能的培训。除了专业技能外，特别强调了各项任务在实施过程中的危险点分析和预防控制措施，每一任务结束后，还列出了该任务的考核评价标准，同时提供了任务拓展项，旨在拓展除了相应任务实施外的其他特别场景下技能。

本书可作为国家电网有限公司新入职员工的指导教材，还可为生产一线从事电力互感器现场检验的人员提供借鉴和帮助。

图书在版编目（CIP）数据

电力互感器现场检验实训教材/山东电力高等专科学校组编；徐家恒主编. —北京：中国电力出版社，2024.9

ISBN 978-7-5198-8927-2

Ⅰ.①电⋯ Ⅱ.①山⋯②徐⋯ Ⅲ.①互感器－检验－教材 Ⅳ.①TM45

中国国家版本馆 CIP 数据核字（2024）第 105497 号

出版发行：中国电力出版社
地　　址：北京市东城区北京站西街 19 号（邮政编码 100005）
网　　址：http://www.cepp.sgcc.com.cn
责任编辑：赵鸣志（010-63412385）
责任校对：黄　蓓　张晨荻
装帧设计：王红柳
责任印制：吴　迪

印　　刷：三河市万龙印装有限公司
版　　次：2024 年 9 月第一版
印　　次：2024 年 9 月北京第一次印刷
开　　本：787 毫米×1092 毫米　16 开本
印　　张：8.75
字　　数：172 千字
印　　数：0001—1000 册
定　　价：58.00 元

前言

　　为践行校企合作、产教融合协同育人机制，突出学校职业教育特色，深化应用以岗位工作任务为驱动的"教学做一体化"教学模式，切实提高教学质量，全面加强学生技术技能培养，按照学校统一要求，编写了现代学徒制行动式教学改革系列教材，为推进人才培养模式创新奠定了基础。

　　本书在编写过程中以培养职业能力为出发点，以岗位典型工作情境为核心，以学生学习任务为基本模块，注重情境式教学，把"教、学、做"融为一体，以达到传授知识、训练技能、提升能力、拓展思路、培养良好工作习惯的目的。

　　全书分为两个情境，情境一为电流互感器现场检验，情境二为电压互感器现场检验。每个情境均包括四个任务，分别是：电力互感器现场检验工作前的准备，电力互感器现场检验的环境检查及外观检查，电力互感器的绝缘试验，电力互感器极性检查及基本误差试验。

　　本书情境一由杨巍巍、刘超男、康婉莹、任玮编写，情境二由徐家恒、荣潇、宋娜、吴建琪编写，全书由徐家恒统稿。

　　由于编者自身认识水平和编写时间的局限性，本教材难免存在疏漏之处，恳请各位专家及读者提出宝贵意见。

编　者

2024 年 8 月 20 日

电流互感器现场检验

情境描述

本情境包含四项任务，分别是 35kV 电流互感器（以下简称电流互感器）现场检验工作前的准备、电流互感器现场检验的环境和外观检查、电流互感器的绝缘试验、电流互感器的极性检查及基本误差试验。核心知识点是电流互感器基本误差测量原理，关键技能项是电流互感器的基本误差测量。

情境目标

通过本情境学习，应达到以下目标：

（1）知识目标：熟悉电流互感器现场检验前的准备及外观检查的内容和方法，掌握电流互感器绝缘试验的要求和方法，掌握电流互感器误差测量和极性判定的工作原理和方法。

（2）能力目标：能够开展电流互感器现场检验前的准备工作，并正确检查电流互感器的外观，具备用绝缘电阻表测量电流互感器的绝缘电阻值能力，能够利用互感器校验仪开展极性判定并利用试验线路开展误差测量。

（3）素质目标：牢固树立电流互感器现场检验过程中的安全风险防范意识，严格按照标准化作业流程进行试验操作，工作过程严谨认真，坚持公平、公正、公开的原则，培养敬业守信、精益求精的职业精神。

任务一　电流互感器现场检验工作前的准备

任务目标

掌握电流互感器现场检验工作的劳动组织及人员要求；能够做好试验设备、工器具的检查与准备工作；更加明确检测工作的程序及其要求；掌握工作中主要危险点分析及预防控制措施；锻造敬业守信、精益求精的职业精神。

任务描述

根据被测对象，做好试验前的人员准备、设备准备、工器具准备等，结合现场作业特点，做好工作中主要危险点分析及预防控制措施。

知识准备

一、检验的参比条件要求

电流互感器现场检验的参比条件见表 1-1。

表 1-1　　　　　　　　　　　电流互感器现场试验的参比条件要求

环境温度①	相对湿度	电源频率	二次负荷②	电源波形畸变系数	环境电磁场干扰强度	外绝缘
−25～40℃	≤95％	50Hz±0.5Hz	额定负荷～下限负荷	≤5％	不大于正常工作接线所产生的电磁场	清洁、干燥

　　① 当电力电流互感器技术条件规定的环境温度与−25～40℃范围不一致时，以技术条件规定的环境温度为参比环境温度。

　　② 除非用户有要求，二次额定电流5A的电流互感器，额定负荷10VA及以上的下限负荷按3.75VA选取，额定负荷10VA以下的下限负荷按2.5VA选取；二次额定电流1A的电流互感器，下限负荷按1VA选取。

二、检定项目

根据 JJG 1189.3《测量用互感器 第3部分：电力电流互感器检定规程》规定的电力电流互感器的检定项目见表 1-2。

表 1-2　　　　　　　　　　　检 定 项 目

检定项目	检定类别		
	首次检定	后续检定	使用中检验
外观及标志检查	+	+	+
绝缘电阻	+	+	−
绕组极性检查	+	−	−
基本误差测量	+	+	+
稳定性试验	−	+	+
磁饱和裕度试验	+	−	−

　　注　1.“+”表示必检项目，“−”表示可不检项目。

　　　　2. 规程推荐，在试验条件满足情况下，磁饱和裕度项目优先采用直接测量。如采用直接测量法，除了需要测量被检电流互感器150％额定电流点的误差外，其他步骤与基本误差测量完全一致，本教材不再单独作为任务去描述。

人员准备

一、劳动组织

电流互感器现场检验工作所需人员类别、职责和数量，见表 1-3。

表 1-3　　　　　　　　　　　劳 动 组 织

序号	人员类别	职责	人数
1	工作负责人	1) 正确安全的组织工作。 2) 负责检查工作票所列安全措施是否正确完备、是否符合现场实际条件，必要时予以补充。	1人

序号	人员类别	职责	人数
1	工作负责人	3）工作前对班组成员进行危险点告知。 4）严格执行工作票所列安全措施。 5）督促、监护工作班成员遵守电力安全工作规程，正确使用劳动防护用品和执行现场安全措施。 6）确认工作班成员精神状态是否良好，变动是否合适。 7）交代作业任务及作业范围，掌控作业进度，完成作业任务。 8）监督工作过程，保障作业质量	1人
2	专责监护人	1）明确被监护人员和监护范围。 2）作业前对被监护人员交代安全措施，告知危险点和安全注意事项。 3）监督被监护人遵守安规和现场安全措施，及时纠正不安全行为。 4）负责所监护范围的工作质量	1人
3	工作班成员	1）熟悉工作内容、作业流程，掌握安全措施，明确工作中的危险点，并履行确认手续。 2）严格遵守安全规章制度、技术规程和劳动纪律，对自己工作中的行为负责，互相关心工作安全，并监督安规的执行和现场安全措施的实施。 3）正确使用安全工器具和劳动防护用品。 4）完成工作负责人安排的作业任务并保障作业质量	根据作业内容与现场情况确定，不少于2人

二、人员要求

工作人员的身体、精神状态，工作人员的资格包括作业技能、安全和特殊工种资质等，具体要求见表1-4。

表1-4　　　　　　　　　　　人 员 要 求

序号	内容
1	经医师鉴定，无妨碍工作的病症（体格检查每两年至少一次）；身体状态、精神状态应良好
2	具备必要的电气知识和业务技能，且按工作性质，熟悉电力安全工作规程的相关部分，并应经考试合格
3	具备必要的安全生产知识，学会紧急救护法，特别要学会触电急救
4	熟悉本作业指导书，并经岗位技能培训、考试合格
5	开展检定工作的工作负责人和检定人员应持有效期内的计量检定员证（电能表/互感器），或注册计量师资格证书（电能表/互感器）；计量专业项目考核合格证明（电能表/互感器），或质量技术监督部门颁发的电能表/互感器的《注册计量师注册证》，或取得相关部门的电能表/互感器专业培训证明
6	工作人员必须经公司供电服务规范培训，掌握与用户沟通、服务技巧
7	新参加电气工作的人员、实习人员和临时参加劳动的人员（管理人员、非全日制用工等），应经过安全生产知识教育且考核合格后，方可下现场参加指定的工作，并且不得单独工作

主要危险点预防控制措施

主要危险点预防控制措施见表1-5。

表 1-5　　　　　　　　　　　　主要危险点预防控制措施

序号	防范类型	危险点	预防控制措施
1	人身伤害或触电	误碰带电设备	1）在电气设备上作业时，应将未经验电的设备视为带电设备。 2）在高、低压设备上工作，应至少由两人进行，并完成保证安全的组织措施和技术措施。 3）工作人员应正确使用合格的安全绝缘工器具和个人劳动防护用品。 4）高、低压设备应根据工作票所列安全要求，落实安全措施。涉及停电作业的应实施停电、验电、挂接地线、悬挂标示牌后方可工作。工作负责人应会同工作票许可人确认停电范围、断开点、接地、标示牌正确无误。工作负责人在作业前应要求工作票许可人当面验电；必要时工作负责人还可使用自带验电器（笔）重复验电。 5）工作票许可人应指明作业现场周围的带电部位，工作负责人确认无倒送电的可能。 6）应在作业现场装设临时遮拦，将作业点与邻近带电间隔或带电部位隔离。作业中应保持与带电设备的安全距离。 7）严禁工作人员未履行工作许可手续擅自开启电气设备柜门或操作电气设备。 8）严禁在未采取任何监护措施和保护措施情况下现场作业
		走错工作位置或误碰带电部位	1）工作负责人对工作班成员应进行安全教育，作业前对工作班成员进行危险点告知，明确指明带电设备位置，交代工作地点及周围的带电部位及安全措施和技术措施，并履行确认手续。 2）核对工作票、工作任务单与现场信息是否一致。 3）在工作地点设置"在此工作！"的标示牌
		附近有带电运行设备时，遭高压感应电电击	1）试验前，被试互感器和架空线路必须断开并接地。在隔离开关操作把手上悬挂"禁止合闸、有人工作"标示牌。 2）接一次试验导线前，被试互感器高压侧应接地。 3）工作人员在接、拆一次试验导线时，必须戴绝缘手套，穿绝缘鞋。 4）被试互感器接地点应可靠接地
		短路或接地	1）工作中使用的工具，其外裸的导电部位应采取绝缘措施，防止操作时相间或相对地短路。 2）工作班成员应正确佩戴和穿着安全帽、长袖工作服、手套、绝缘鞋等劳动保护用品，正确使用安全工器具
		检验设备操作人员触电	检验设备操作人员应站在绝缘垫上进行检验作业
		使用临时电源不当	1）接取临时电源时安排专人监护。 2）检查接入电源的线缆有无破损，连接是否可靠。 3）检查电源盘漏电保护器工作是否正常
		互感器现场检测设备金属外壳接地不良而引起触电	1）检测设备金属外壳应可靠接地。 2）检测仪器与设备的接线应牢固可靠
		检测后未断开电源开关或升流设备未回零而引起触电	1）检测装置的电源开关，应使用具有明显断开点的双极隔离开关，并有可靠的过载保护装置。 2）变更接线或检测结束时，应首先将升流设备调压器回零
		互感器现场检测安全距离不够而引起触电	根据带电设备的电压等级，检测人员应注意保持与带电体的安全距离不小于电力安全工作规程中规定的距离
		互感器现场检测、非检测人员误入检测现场触电	检测现场应装设遮拦或围栏，悬挂"止步，高压危险！"的标示牌，并有专人监护，严禁非检测人员进入检测场地

续表

序号	防范类型	危险点	预防控制措施
1	人身伤害或触电	互感器现场检测不穿戴或不正确穿戴安全帽、绝缘鞋、工作服而引起人员伤害事故	检测现场必须戴安全帽,穿绝缘鞋,穿工作服
		设备吊装时发生人员或设备碰擦	设备吊装需派专人监护,且吊装时作业人员不得站在下方
2	高空坠落、坠物伤害	使用不合格登高用安全工器具	按规定对各类登高用工器具进行定期试验和检查,确保使用合格的工器具
		梯子使用不当	1)使用前检查梯子的外观,以及编号、检验合格标识,确认符合安全要求。 2)应派专人扶持,防止梯子滑动。 3)梯子应有防滑措施,使用单梯工作时,梯子与地面的夹角应为65°~75°,梯子不得绑接使用,人字梯应有限制开度的措施,人在梯子上时,禁止移动梯子。 4)高处作业上下传递物品,不得投掷,必须使用工具袋并通过绳索传递,防止从高空坠落发生事故
3	设备损坏	接线时压接不牢固、接线错误导致设备损坏	加强监护、检查
		现场检验中电流互感器二次开路	严格执行监护制度,确认后规范接线;一旦发现任何隐患,立即停止试验检查原因
		试验电流过高导致设备或被试电流互感器损坏	升流过程应呼唱,工作人员在检测过程中注意力应高度集中,观察检定装置和被试电流互感器状况,防止过电流情况发生

任务实施

一、工作预约

负责人根据现场作业工单,确定现场检验工作地点和工作内容。

二、现场勘查

会同客户进行现场勘查,主要查看互感器是否安装到位、现场工况是否满足试验要求。勘察时特别注意危险点的分析,做好预控措施,并填写现场勘查记录表,如图 1-1 所示。主要包括以下内容:

(1)查勘时必须核实设备运行状态,严禁工作人员未履行工作许可手续擅自开启电气设备柜门或操作电气设备。

(2)在带电设备上查勘时,不得开启电气设备柜门或操作电气设备,查勘过程中应始终与设备保持足够的安全距离。

(3)因勘查工作需要开启电气设备柜门或操作电气设备时,应执行工作票制度,将需要勘查设备范围停电、验电、挂地线、设置安全围栏并悬挂标示牌后,经履行工作许可手续,方可进行开启电气设备柜门或操作电气设备等工作。

(4)进入带电现场工作,至少由两人进行,应严格执行工作监护制度。

（5）工作人员应正确使用合格的个人劳动防护用品。

（6）严禁在未采取任何监护措施和保护措施情况下现场作业。

（7）当打开计量箱（柜）门进行检查或操作时，应采取有效措施对箱（柜）门进行固定，防范由于刮风或触碰造成柜门异常关闭而导致事故。

三、工作前准备

（一）打印工单

工作负责人提前联系客户或厂站管理方，核对被试电流互感器型式和参数，了解电流互感器安装位置，约定现场检验时间。

（二）打印工作任务单

工作负责人打印工作任务单，同时核对计量设备技术参数与相关资料，如图 1-2 所示。

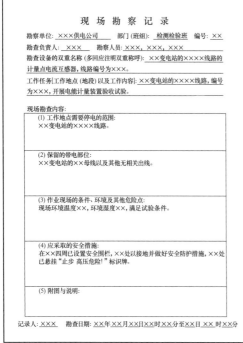

现 场 勘 察 记 录

勘察单位：×××供电公司　部门（班组）：检测检验班　编号：××

勘查负责人：×××　勘察人员：×××，×××，×××

勘查设备的双重名称（多回应注明双重称呼）：××变电站的××××线路的计量点电流互感器，线路编号为×××。

工作任务[工作地点（地段）以及工作内容]：××变电站的××××线路，编号为×××，开展电能计量装置验收试验。

现场勘查内容：

(1) 工作地点需要停电的范围： ××变电站的××××线路。
(2) 保留的带电部位： ××变电站的××母线以及其他无相关出线。
(3) 作业现场的条件、环境及其他危险点： 现场环境温度××，环境湿度××，满足试验条件。
(4) 应采取的安全措施： 在××四周已设置安全围栏，××处以接地并做好安全防护措施，××处已悬挂“止步 高压危险！”标识牌。
(5) 附图与说明：

记录人：×××　勘查日期：××年××月××日××时××分至××日××时××分

图 1-1　现场勘查记录表

工作任务通知单

NO：××××-××-××

工作班组	检测检验班		其他班组	计量维护班	
工作内容	任务来源：计量室　××× ××变电站：××线路(线路编号为×××)计量用电流互感器现场试验 电流互感器变比600/5，准确度等级为0.2S，额定负载为20VA 时间：××××年××月××日 要求：1、现场注意工作安全，严格按照相关电力安全工作规程要求工作。 2、按照要求完善SG186系统、采集系统资料。				
工作要求	××班组制定本工作现场危险点及防范措施。				
任务完成情况（回执）					
工作负责人	×××			完成时间	××
工作完成项目	1	现场测试检查项目齐全		审核人	
	2	计量用电流互感器现场试验			
	3	资料进机、登录台账			
	4				

项目负责人（签字）：×××　日期：××××年××月××日

图 1-2　工作任务通知单

（三）办理工作票签发

1. 依据工作任务填写工作票。

2. 办理工作票签发手续。

工作负责人在办理工作票签发时，重点检查工作票所列安全措施是否正确完备，应符合现场实际条件。防止因安全措施不到位引起人身伤害和设备损坏。

在客户电气设备上工作时应由供电公司与客户方进行双签发。供电方安全负责人对工作的必要性和安全性、工作票上安全措施的正确性、所安排工作负责人和工作人员是否合适等内容负责。客户方工作票签发人对工作的必要性和安全性、工作票上安全措施的正确性等内容审核确认。根据工作性质，应办理变电或配电第一种工作票（根据电压等级选择），如图 1-3 所示。

变电第一种工作票

单位 ××供电公司　　编号 ×××××××

1.工作负责人（监护人）×××　　班组 检验检测班组

2.工作班人员（不包括工作负责人）

××、××××、××××、×××等共 4 人。

3.工作的变、配电站名称

××变电站××线路（线路编号为×××）计量用电流互感器现场试验

4.工作任务

工作地点及设备双重名称	工作内容
××变电站的××××线路(线路编号为×××)的计量点电流互感器	计量用电流互感器现场试验

5.计划工作时间：自××××年××月××日××时××分

至××××年××月××日××时××分

6.安全措施（必要时可附页绘图说明）

应拉断路器（开关）、隔离开关（刀闸）	已执行*
已断开××号断路器(开关)	已执行
应装接地线、应合接地开关（注明确定地点、名称及接地线编号*）	已执行
已装设××号接地线	已执行
应设遮拦、应挂标示牌及防止二次回路误碰等措施	已执行
已设置××号安全遮拦	已执行

* 已执行栏目及接地线编号由工作许可人填写。

工作地点保留带电部分或注意事项（由工作票签发人填写）	补充工作地点保留带电部分和安全措施（由工作许可人填写）
××线路已停电	1.严格按照作业指导书操作
1.着装规范：穿工作服、绝缘鞋，戴安全帽、线手套	2.加强监护，做到“四不伤害”
2.操作过程中严禁TA二次回路开路	3.带电区域四周，已设置安全围栏，出、入人员要走指定通道
3.工作时使用合格的工器具	
4.保持与带电部位足够的安全距离	

工作票签发人签名 ×××　签发日期：××××年××月××日××时××分

7. 收到工作票时间 ××××年××月××日××时××分

运维人员签名 ×××　　工作负责人签名 ×××

8. 确认本工作票1~7项

工作负责人签名______　　工作许可人签名______

许可开始工作时间：____年____月____日____时____分

9. 确认工作负责人布置的工作任务和安全措施

工作班组人员签名：详见《安全措施确认签字表》

10. 工作负责人变动情况

原工作负责人______离去，变更______为工作负责人

工作票签发人______　____年____月____日____时____分

11. 工作人员变动情况（变动人员姓名，日期及时间）：

工作负责人签名______

12. 工作票延期

有效期延长到____年____月____日____时____分

工作负责人签名______　____年____月____日____时____分

工作许可人签名______　____年____月____日____时____分

13. 每日开工和收工时间（使用一天的工作票不必填写）

收工时间				工作负责人	工作许可人	开工时间				工作许可人	工作负责人
月	日	时	分			月	日	时	分		

14. 工作终结

全部工作于____年____月____日____时____分结束，设备及安全措施已恢复至开工前状态，工作人员已全部撤离，材料工具已清理完毕，工作已终结。

工作负责人签名______　工作许可人签名______

15. 工作票终结

临时遮拦、标示牌已拆除，常设遮拦已恢复。未拆除或未拉开的接地线编号____等共____组、接地开关（小车）共____副（台），已汇报调度值班员。

工作许可人签名______　____年____月____日____时____分

16. 备注

(1) 制定专责监护人______负责监护______（地点及具体工作）

(2) 其他事项：______

图 1-3　电流互感器现场检验变电第一种工作票签发

（四）领取材料

凭工作单领取相应材料，并核对所领取的材料是否符合工作单要求。要注意核对材料，避免错领。

1. 检验所需导线

材料要求：两端带固定叉口接头（插头尺寸：外径 12mm，内径 8mm，厚度：0.8mm）试验二次导线，具体见表 1-6。

表 1-6　　检验所需材料及要求

序号	材料名称	规格（mm^2）	单位	长度（m）	颜色	数量	备注	√
1	输出电源线	6	根	6	红、黑	2		
2	标准及被试二次线	4	根	6	黄、黑	2	T0、Tx 线	
3	差流支路线	4	根	6	绿	1	K 线	
4	负载线	4	根	1	黄	1		

序号	材料名称	规格（mm²）	单位	长度（m）	颜色	数量	备注	√
5	对接线	4	根	1.5	绿	1		
6	输入电源线	6	根	1	红、黑	2		
7	二次短接线	4	根	0.2	黑	8		
8	接地线	4	根	6	黑	1		
9	一次电流导线		根	10	黑花	1	满足电流互感器额定一次电流需要	

2. 技术资料

主要包括现场使用所需的检定规程、图纸、使用说明书、试验记录等，见表 1-7。

表 1-7 　　　　　　　　 技 术 资 料

序号	名称	备注
1	一次系统图	一次设备布置、带电间隔
2	被试电流互感器相关设计图纸以及认可实验室试验报告资料	二次端子位置等
3	被试互感器历次检验记录	周检作业时
4	JJG 1189.3	检定规程
5	检验装置说明书	—

（五）检查试验设备

工作班成员检查试验设备是否符合检验要求，工作是否正常，具体包括标准电流互感器、升流器、互感器校验仪、电流负载箱、调压器、接地线车等，详细功能及要求见相应任务描述。

（六）检查工器具

工作班成员选用合格的安全工器具，检查工器具应完好、齐备。避免使用不合格工器具引起机械伤害，电流互感器检验用工器具的要求见表 1-8。

表 1-8 　　　　　　　　 工 器 具 及 要 求

序号	工器具名称	规格	单位	数量	备注	√
1	十字螺钉旋具	1 号×100mm	把	1		
		2 号×150mm	把	1		
2	一字螺钉旋具	5mm×100mm	把	1		
		6.5mm×150mm	把	1		
3	钢丝钳	84～112	把	1		
4	尖嘴钳	84～101	把	1		
5	斜嘴钳	84～108	把	1		
6	活动扳手	87～431	把	1		
7	放电棒	35kV	把	1		
8	接地盘		把	1		
9	高压验电器	35kV	把	1		

（七）检查确认试验外部条件

被试电流互感器一次侧与其他现场高压带电设备应有明显断开点，安全距离应符合相关电力安全工作规程规定。

四、现场开工

（一）办理工作票许可

（1）告知用户或厂站有关人员，说明工作内容。

（2）办理工作票许可手续，如图 1-4 所示。

（3）会同工作许可人检查现场的安全措施是否到位，检查危险点预控措施是否落实。

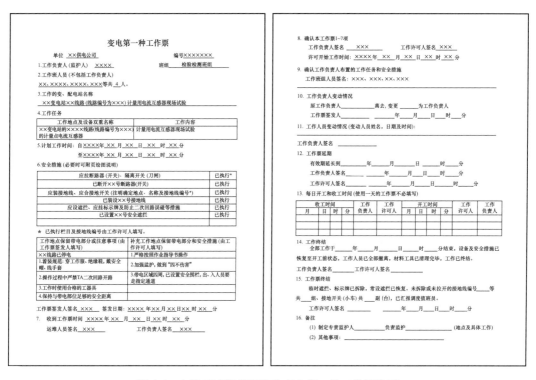

图 1-4　电流互感器现场检验变电第一种工作票许可

（二）检查确认安全技术措施

（1）被试电流互感器一次侧与其他现场高压带电设备应有明显断开点，安全距离应符合电力安全工作规程规定。

（2）高、低压设备应根据工作票所列安全要求，落实安全措施。涉及停电作业的应实施停电、验电、挂接地线或合上接地开关、悬挂标示牌后方可工作。工作负责人应会同工作票许可人确认停电范围、断开点、接地、标示牌正确无误。工作负责人在作业前应要求工作票许可人当面验电；必要时工作负责人还可使用自带验电器（笔）重复验电。

班 前 会 记 录

日期：××××年××月××日　　　　星期：××

班级名称	××班组	开展项目	电流互感器现场检验
工作负责人	×××	工作班成员	××，×××，×××，×××

班前准备工作	√□	×□	执行人签名
1.检查试验设备设施、工器具、材料等物品合格	☑	□	×××
2.检查安全工器具和劳动防护用品合格	☑	□	
3.检查现场环境整洁，安全措施正确，具备作业条件	☑	□	
4.应具备的教学、安全管理治疗准备到位，应填写内容正确	☑	□	
5.其他	☑	□	
班前会时间	××时××分××至××时××分		
班前会内容	√□	×□	执行人签名
1.班组人员点名，应到人数：× 实到人数：× 缺勤人数：0人	☑	□	×××
2.介绍试验任务、监护指导分工和安全风险预控措施	☑	□	
3.确定工作班成员身体健康良好，适应当日工作	☑	□	
4.讲解着装及装束要求，并进行互查合格	☑	□	
5.讲解并检查正确安全帽佩戴	☑	□	
6.交待手机、杯子等定置管理要求	☑	□	
7.正确使用实训设备、仪器、仪表等工器具	☑	□	
8.试验安全注意事项和行为规范	☑	□	
9.现场周围环境及应急逃生措施	☑	□	
10.其他	☑	□	
班前会内容交底签字	×××，×××，××，×××		

注：班前会每日进行，并及时填写。

图 1-5　电流互感器现场检验班前会记录

（3）应在作业现场装设临时遮拦，将作业点与邻近带电间隔或带电部位隔离。工作中应保持与带电设备的安全距离。

（三）班前会

（1）宣读工作票。

（2）交代工作内容、人员分工、带电部位和现场安全措施，进行危险点告知和技术交底，并履行确认手续。

（3）检查工作班成员安全防护措施，工作人员应穿绝缘鞋、全棉长袖工作服、戴安全帽、绝缘手套，如图 1-5 所示。

（四）资料核对

（1）在现场应先核对工作对象、工作范围、工作内容是否相符，并对电流互感器参数资料进行核对，包括被检电流互感器变比、容量、二次回路等。

（2）电流互感器参数资料应准确无误，如工单内信息与现场不一致应做好记录，查明原因，做好相关信息更正维护。

思政小知识

诸葛亮挥泪斩马谡

诸葛亮为夺取天下大业，于公元 228 年发动了一场北伐曹魏的战争。在讨论人选时，诸葛亮不顾众议，决定提拔谈起军事头头是道的马谡为镇守战略要地街亭的最高指挥官。

马谡出兵街亭之前，曾立下军令状，表示若有差失，则乞斩全家。但是，马谡率兵到达街亭之后，没有听从诸葛亮“在山上扎营太冒险”的嘱咐，自以为熟读兵书，更不听副将王平的劝告，屯兵于山头。他自信地说：“兵法有云居高临下，势如破竹，置之死地而后生。”

最终，马谡被曹魏名将张郃围困在山头，断了水粮，马谡兵败而回。马谡失守街亭，战局发生了根本性的变化，迫使诸葛亮退回汉中，诸葛亮北伐曹魏的计划也随之流产。为此，诸葛亮下令将马谡革职入狱，斩首示众。斩首之时，全军落泪，诸葛亮也失声痛哭。

任务评价

电流互感器现场检验工作前的准备评价表见表 1-9。

表 1-9　　　　　　　　　　　　电流互感器现场检验工作前的准备评价表

姓名		学号					
序号	评分项目	评分内容及要求	评分标准	扣分	得分	备注
1	预备工作 （10 分）	1）安全着装。 2）工器具检查	1）未按照规定着装，每处扣 1 分。 2）工器具选择错误，每次扣 2 分；未检查扣 1 分。 3）其他不符合条件，酌情扣分			
2	办理工作票许可 （20 分）	1）告知用户或厂站有关人员，说明工作内容。 2）办理工作票许可手续。 3）会同工作许可人检查现场的安全措施是否到位，检查危险点预控措施是否落实	1）未告知用户或厂站有关人员，说明工作内容，扣 5 分。 2）未办理工作票许可手续，且未导致严重后果的，扣 10 分。 3）未会同工作许可人检查现场的安全措施是否到位，检查危险点预控措施是否落实，扣 5 分			
3	检查确认安全技术措施 （25 分）	1）高、低压设备应根据工作票所列安全要求，落实安全措施。 2）应在作业现场装设临时遮拦	1）高、低压设备应根据工作票所列安全要求，未落实安全措施，扣 10 分。 2）没有在作业现场装设临时遮拦，扣 5 分。 3）有其他技术应落实的措施未落实，每项扣 5 分			
4	班前会 （20 分）	1）交代工作内容、人员分工、带电部位和现场安全措施。 2）进行危险点告知和技术交底，并履行确认手续。 3）检查工作班成员安全防护措施。 4）检查着装是否规范、个人防护用品是否合格齐备、人员精神状态是否良好	1）未交代或交代工作内容、人员分工、带电部位和现场安全措施不清楚，每项扣 5 分。 2）未进行危险点告知和技术交底，并履行确认手续，扣 5 分。 3）检查工作班成员安全防护措施不仔细，未造成后果扣 5 分。 4）未检查人员着装、个人防护用品、精神状况，每项扣 5 分			
5	资料核对 （15 分）	1）在现场应先核对工作对象、工作范围、工作内容是否相符。 2）并对电流互感器参数资料进行核对。 3）电流互感器参数资料应准确无误	1）未核对工作对象、工作范围、工作内容是否相符的，扣 5 分。 2）未对电流互感器参数资料进行核对，扣 5 分。 3）核对电流互感器参数资料出现错误，未造成严重后果的，扣 5 分			
6	综合素质 （10 分）	1）着装整齐，精神饱满。 2）现场组织有序，工作人员之间配合良好。 3）独立完成相关工作。 4）执行工作任务时，大声呼唱。 5）不违反电力安全规定及相关规程				
7	总分 （100 分）					
		试验开始时间　　　时　　分 试验结束时间　　　时　　分		用时：　　分		
	教师					

任务拓展

电流互感器误差的定义：电力系统中使用的电流互感器起着高压隔离和按比率进行电流变换作用，给电气测量、电能计量、自动装置提供与一次回路有准确比例的电流信号。电流互感器是利用电磁感应原理，把一次绕组的电流传递到电气上隔离的二次绕组。

电流互感器的电流误差（比值差）f_I 定义如下：

$$f_I = \frac{K_I I_2 - I_1}{I_1} \times 100\%$$

式中　K_I——电流互感器的额定电流比；

　　　I_1——一次电流有效值；

　　　I_2——二次电流有效值。

电流互感器的相位误差 δ_I 定义：一次电流相量与二次电流相量的相位差，单位为"′"。相量方向以理想电流互感器的相位差为零来决定，当二次电流相量超前一次电流相量时，相位差为正，反之为负。

任务二　电流互感器现场检验的环境检查及外观检查

任务目标

掌握电流互感器现场检验的环境要求，掌握开展电流互感器外观检查的操作要领。

任务描述

根据规程的要求，做好对环境的检测和判断，根据外观所看到的信息，判断电流互感器是否有影响正常运行的缺陷。

场地准备

（1）具备能满足电流互感器现场试验要求的试验场地。

（2）电流互感器现场检验的环境条件要求如下：

1）环境温度：−25～40℃，相对湿度不大于 95%。

2）环境电磁场干扰引起标准器的误差变化不大于被检互感器基本误差限值的 1/20，检验接线引起的被检互感器误差变化不大于被检互感器基本误差限值的 1/10。

主要危险点预防控制措施

（1）防止开关故障或用户倒送电造成人身触电。

（2）断开开关后，在开关操作把手上均应悬挂"禁止合闸，有人工作！"的标示牌。

（3）查看设备铭牌信息如需要登高作业，应使用合格的登高用安全工具。

（4）绝缘梯使用前检查外观，以及编号、检验合格标识，确认符合安全要求。

（5）登高使用绝缘梯时应设置专人监护。

（6）梯子应有防滑措施，使用单梯工作时，梯子与地面的夹角应为 65°～75°，梯子不得绑接使用，人字梯应有限制开度的措施，人在梯子上时，禁止移动梯子。

（7）梯上高处作业应系上安全带，防止高空坠落。

（8）加强监护，避免误入带电间隔。

（9）工作前应先验电。

（10）使用相应电压等级、合格的验电器，高压验电应戴绝缘手套、穿绝缘靴。

任务实施

一、环境条件检查

根据 JJG 1189.3 的要求，环境气温应介于 $-25\sim40℃$，相对湿度不大于 95%。此时需要我们用温湿度计（见图 1-6）监测现场试验环境，并记录在电流互感器现场检验原始记录表上，如图 1-7 所示。

图 1-6　温湿度显示　　　　　　图 1-7　环境检查原始记录填写格式

二、确认断开电源并验电

（1）核对作业间隔。

（2）使用验电器对计量柜（箱）金属裸露部分进行验电。

（3）确认电源进、出线方向，断开进、出线开关，且能观察到明显断开点。

（4）使用验电器再次进行验电，确认互感器一次进出线等部位均无电压后，装设接地线。

三、外观及标志检查

（1）铭牌上应有产品编号，出厂日期，接线图或接线方式说明，有额定电流比，准确度等级等明显标志。一次和二次接线端子上应有电流接线符号标志，接地端子上应有接地标志。

图 1-8 为被试电流互感器铭牌，由铭牌可见，该被试品的产品编号为 10096，该电流互感器有三个独立的二次绕组，第一个为 $1S_1$-$2S_1$，通过中间抽头，形成了两个绕组，其中 $1S_1$-$1S_2$ 的额定电流比为 300/5，准确度等级 0.2S 级，额定负载为 20VA，$1S_1$-$2S_1$ 的额定电流比为 600/5，准确度等级 0.2S 级，额定负载为 20VA，另两个分别为 $3S_1$-$3S_2$（额定电流比为 600/5，准确度等级 0.5S 级，额定二次负载为 20VA）、$4S_1$-$4S_2$（额定电流比为 600/5，准确度等级 10P 级，额定二次负载为 40VA）。

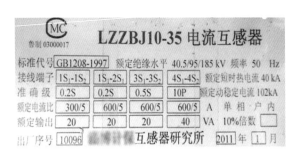

图 1-8　被试电流互感器铭牌

由于用作电能计量的电流互感器二次绕组选择的准确度等级最高，在此，我们选择准确度等级为 0.2S 级的 $1S_1$-$2S_1$ 绕组作为本次的被测量绕组。

在这里额定绝缘水平：40.9/95/185kV 代表的意思如下：

40.5kV（方均根值）表示电流互感器的最高电压；

95kV（方均根值）表示电流互感器的额定工频耐受电压；

185kV（峰值）表示电流互感器的额定雷电冲击耐受电压。

（2）如有下列缺陷之一者，需修复后方予检验：

1）外观损伤，绝缘套管不清洁。对油浸式，油标指示位置不合乎规定；对环氧树脂式，有裂痕；对 SF_6 式，气压表值不满足规定要求。

被试电流互感器的外观应干净整洁,如图 1-9 所示,可见其绝缘材料是环氧树脂,背面有很明显的接地端子标识,如图 1-10 所示。

图 1-9 被试电流互感器正面　　　　　图 1-10 被试电流互感器背面

2)无铭牌或铭牌标志不完整。被试电流互感器的铭牌应信息完整(见图 1-8)。

3)接线端钮缺少、损坏或无标记,穿心式电流互感器没有极性标记。互感器的一、二次端子应清晰完整,被试互感器的端子其一次绕组端子分别为 P_1、P_2,如图 1-11 所示,其中 P_1 和 $1S_1$ 构成极性端。与仪用电流互感器(比如标准电流互感器)不同的地方之一是具有多个铁芯绕组,每一个铁芯绕组就相当于一台电流互感器,它们共用一次导体。试验时需要在一次导体上施加一次电流,在所有铁芯中同时产生磁通,使一次回路有比较大的阻抗。

图 1-11 被试电流互感器一次绕组端　　　图 1-12 被试电流互感器二次绕组端子

图 1-12 为试验过程中的被试电流互感器二次端子,图中可见预留的 $2S_2$ 端子没有装设螺栓。从图中可看出,它应有四个二次端子,只不过 $2S_2$ 没有了,主要是为了增加练习效果,在原有 600/5 的基础上,增加了一个 300/5 的变比,设计时采用的是在 $1S_1$-$1S_2$ 的绕组中增加了一个抽头的办法,导致第一个绕组有三个端子,为了放置这个端子,就占用了 $2S_1$ 端子,所以这只互感器只有三个独立的二次绕组(特别需要说明的是,这种端子标识只可适用于培训,在电力电流互感器中,这种标识是不允许的)。为了防止在电流互感器二次绕组中感应出高电压,影响试验设备和人身的安全,同时也是尽量减小一次回路阻抗,试验时应当把不检验的互感器二次绕组短路连接并接地。

4）多变比电流互感器在铭牌或面板上未标有不同电流比的接线方式。

5）严重影响测试工作进行的其他缺陷。

根据被试品的外观和铭牌，将信息依次填写在原始记录表上，如图1-13所示。

如被试品外观无异常，没有影响现场检验的缺陷，则填写"合格"，如图1-14所示。

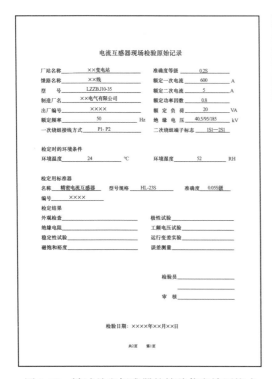
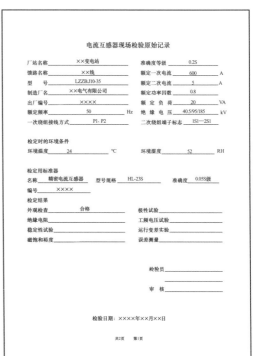

图1-13 被试品和标准器的铭牌信息填写格式　图1-14 外观检查原始记录填写格式

思政小知识

贺龙当过镇守使，当过国民党军队的军长。但他寻求真理，不要荣华富贵，投身革命。

一个亲戚对他说："你脱下将军服穿粗布衣，脱下皮鞋穿草鞋，你图的是什么？"另一个亲戚说："你在国民党里大官当得好好的，国民党势力又强大，你为什么要当'红脑壳'呢？"

贺龙笑着说："我贺龙找真理，找个好领导，找了半辈子，现在总算找到了。"

贺龙参加革命以后，忠于党忠于人民，英勇善战。是一位功勋卓著的无产阶级革命家、军事家。

任务评价

电流互感器现场检验的环境检查及外观检查评价表见表1-10。

表 1-10   电流互感器现场检验的环境检查及外观检查评价表

姓名		学号					
序号	评分项目	评分内容及要求	评分标准	扣分	得分	备注	
1	预备工作 （10分）	1）安全着装。 2）工器具检查	1）未按照规定着装，每处扣1分。 2）工器具选择错误，每次扣2分；未检查扣1分。 3）其他不符合条件，酌情扣分				
2	班前会 （25分）	1）交代工作任务及任务分配。 2）危险点分析。 3）预控措施	1）未交代工作任务，扣5分/次。 2）未进行人员分工，扣5分/次。 3）未交代危险点，扣5分；交代不全，酌情扣分。 4）未交代预控措施，扣5分。 5）其他不符合条件，酌情扣分				
3	验电 （20分）	1）核对作业间隔。 2）使用验电器对计量柜（箱）金属裸露部分进行验电。 3）能观察到明显断开点。 4）使用验电器再次进行验电	1）未核对作业间隔，扣5分。 2）未使用验电器对计量柜（箱）金属裸露部分进行验电，扣5分。 3）未能观察是否有明显断开点，扣5分。 4）未使用验电器再次进行验电，扣5分				
4	设置安全措施及温湿度计 （15分）	1）安全围栏。 2）检查环境	1）未检查安全围栏设置情况，扣5分，设置不正确，扣3分。 2）检验前未检查环境条件扣5分。 3）其他不符合条件，酌情扣分				
5	外观检查 （15分）	全面检查互感器外观	被试品检查不充分，每处扣3分				
6	整理现场 （5分）	恢复到初始状态	1）未整理现场，扣5分。 2）现场有遗漏，每处扣1分。 3）离开现场前未检查，扣2分。 4）其他情况，请酌情扣分				
7	综合素质 （10分）	1）着装整齐，精神饱满。 2）现场组织有序，工作人员之间配合良好。 3）独立完成相关工作。 4）执行工作任务时，大声呼唱。 5）不违反电力安全规定及相关规程					
8	总分 （100分）						
		试验开始时间　　　时　　　分 试验结束时间　　　时　　　分		用时：　　　分			
	教师						

任务拓展

其他被试电流互感器介绍：

电力用电流互感器与仪用电流互感器不同的地方之一是具有多个铁芯绕组，一个铁芯绕组就是一台电流互感器，它们共用一次导体。试验时需要在一次导体上施加一次电流，在所有铁芯中同时产生磁通，使一次回路有比较大的阻抗。为了尽量减小一次回路阻抗，试验时应当把不检验的互感器的二次绕组短路连接并接地。这样做也是为了防止在电流互感器二次绕组中感应出高电压，影响试验设备和人身的安全。图1-15为贯穿式电流互感器，图1-16为支柱浇注式电流互感器。

图 1-15　贯穿式电流互感器　　　　图 1-16　支柱浇注式电流互感器

任务三　电流互感器的绝缘试验

任务目标

熟悉电流互感器绝缘电阻试验准备及要求，重点掌握缘电阻试验流程。熟悉电流互感器工频耐压试验准备及要求，掌握电流互感器工频耐压试验的试验方法；掌握主要危险点预防控制措施。

任务描述

本任务主要开展电流互感器绝缘电阻的测量和工频耐压试验（根据JJG 1189.3规定，工频耐压试验已不属于电力电流互感器检定的内容，学习者可以根据需要选做），还包括学习对试验结果合格与否的判定，同时学习对本次试验过程中的主要危险点分析及预防控制措施。

知识准备

一、测试的标准和要求

测试的标准应符合JJG 1189.3检定规程对绝缘电阻试验技术要求。工作标准应符合Q/GDW/ZY 1009《电流互感器现场检验标准化作业指导书》相关要求。

二、绝缘电阻测试目的

电流互感器绝缘电阻的目的是有效地发现其绝缘整体由于受潮、脏污、贯穿性缺陷以及绝缘击穿和严重过热老化等产生的缺陷。从而保证互感器能够长期稳定运行。

三、绝缘电阻测试要求

（一）电流互感器二次绕组之间绝缘电阻、电流互感器二次绕组对地绝缘电阻、3kV 以下的电流互感器一次对二次及外壳绝缘电阻使用 500V 绝缘电阻表测量；3kV 及以上的电流互感器一次对二次及外壳绝缘电阻使用 2500V 绝缘电阻表测量。见表 1-11。

表 1-11　　　　　　　　　　电流互感器绝缘电阻试验要求

试验项目	一次对二次及外壳绝缘电阻	二次绕组之间绝缘电阻	二次绕组对地绝缘电阻
3kV 及以上	>1500MΩ	>500MΩ	>500MΩ
3kV 以下	>100MΩ	>30MΩ	>30MΩ

注　一次对二次及外壳绝缘电阻要求不适用于 GIS 套管式电流互感器。

（二）绝缘电阻测试测试完毕后，需要对被检互感器进行放电。

四、绝缘电阻测试原理

绝缘电阻测试原理如图 1-17 所示，虚框内表示的是绝缘电阻表内部结构，R_X 是待测的绝缘电阻。它相当于一台小型直流发电机，当摇动手柄就会产生一个很高的直流电压，施加在被试品两端。当被试品绝缘良好时，绝缘电阻表的表头（G）指针就会趋向于无穷大。当被试品绝缘阻值降低，指针就会指示出具体的绝缘电阻值。就是用绝缘电阻表的工作原理。

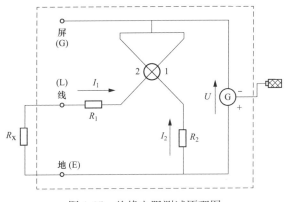

图 1-17　绝缘电阻测试原理图

五、工频耐压试验的目的

电流互感器工频耐压试验，是为了考核电流互感器主绝缘强度和检查局部缺陷的一种破坏性试验。通常在互感器交接、大修后或必要时进行。

六、工频耐压试验要求

工频耐压试验使用频率为（50±0.5）Hz，失真度不大于 5% 的正弦电压。试验电压测量误差不大于 3%。试验时应从接近零的电压平稳上升，在规定耐压值停留 1min，然后平稳下降到接近零电压。试验时应无异音、异味，无击穿和表面放电，绝缘保持完好，误差无可察觉的变化，见表 1-12。

表 1-12　　　　　　　　　电流互感器工频耐压试验项目及要求

试验项目	一次对二次及地工频耐压试验	二次对地工频耐压试验	二次绕组之间工频耐压试验
要求	按出厂试验电压的 85% 进行	2kV	2kV
说明	66kV 及以上电流互感器除外	—	—

七、工频耐压试验原理

工频耐压试验原理接线图如图 1-18 所示。T1 为试验变压器，TA 为被试电流互感器。

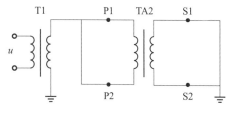

图 1-18　工频耐压试验原理接线图

首先要说明的是，由于现场情况千差万别，特别是投入运行后的设备试验，除了要注意做好安全措施外，还要拆除或断开互感器一、二次绕组对外的一切连线，并放电和接地，防止试验电压施加其他设备上，造成不可挽回的损失。

工具准备

一、电流互感器检验用工器具的功能

活络扳手要求最大的开口能满足标准和被试品一、二次接头螺母的尺寸，如图 1-19 所示。根据标准和被试品的二次绕组所用螺钉的类型和尺寸，选择一字或十字螺钉旋具和长度，如图 1-20 所示；根据被试品的电压等级选择相应的放电棒，如图 1-21 所示。

图 1-19　活络扳手

图 1-20　螺钉旋具

电流互感器检验用工器具的功能介绍如下：

活络扳手用来紧固和松动一次导线的接头。

螺钉旋具分为一字和十字形，可根据螺钉的类型选择使用，用来紧固和松动导线的连接。

接地盘是和大地直接导通的金属盘，它是整个试验区的接地点，保证试验线路需接地处的可靠接地。

图 1-21　放电棒及接地盘

放电棒是可伸缩的绝缘棒，目的是放掉试验前、后设备一次端残余电量，保证操作人员和设备的安全。

二、绝缘电阻表介绍

绝缘电阻表如图 1-22 所示，该绝缘电阻表测量范围为 0～2500MΩ，外部有 L、G、E 三个接线端钮，一个摇柄和刻度盘。绝缘电阻表属于国家强检设备，必须经检定合格且在有效期内方能使用，试验时，应准备额定电压分别为 500V 和 2500V 的绝缘电阻表各一只。

材料准备

图 1-22 绝缘电阻表

一、互感器检验用测试导线的要求及功能

接地线车主要是用作检验时的试验接地和保护接地，长度根据现场情况选择，现场使用一般至少 20m。图 1-23 这是接地线车，接地线一般是多股细铜丝编制而成的软裸铜线，规格为 4mm² 及以上。上面缠绕的是裸铜导线，使用时，导线的一端与大地可靠连接，另一端与仪器设备接地点相连接，保证工作中试验人员人身及设备安全。

图 1-24 为大电流一次导线，它是由多股软铜导线编制而成，使用时需要注意以下三点：

（1）导线的截面应能满足流过其最大电流的要求。比如被试品的额定一次电流为 600A，根据检定规程的要求，则其最大应能流过额定电流的 1.2 倍，即 720A 的电流。

（2）导线的长度要适中，能满足一次电流回路长度的需要即可。

（3）除线头外，其余部分需要绝缘，导线头接触面平整，干净不能有氧化层。

图 1-25 是二次测试导线，连接标准互感器至校验仪的二次导线应和标准互感器二次负荷匹配，连接被检电流互感器与校验仪的二次导线所形成负荷不应超过被检电流互感器二次额定负荷的 1/10。电流互感器二次定值导线通常为 0.05Ω 或 0.06Ω。

图 1-23 接地线车　　图 1-24 大电流一次导线　　图 1-25 二次测试线

二次导线一般为多股软铜丝控制而成的绝缘线，不仅包括标准电流互感器二次回路的连接线、被试电流互感器二次回路连接线，还包括其他非被测二次绕组短接线。要求

导线的规格至少为 $2.5mm^2$。导线需用不同颜色区分。为保证压接牢靠，最好用压接线头，而不要用线插。

调压器输入、输出用到的电源线。要求长度适中，导线的规格为 $4mm^2$ 及以上。

二、电源盒

图 1-26 为电源盒，用以提供和控制调压控制箱电源；同时还可提供互感器校验仪的工作电源。供电电源提供给试验电源设备的容量应不小于试验电源的最大输入功率，其输出电压应与调压器额定输出电压相匹配。

图 1-26　电源盒

三、调压控制箱

调压控制箱（调压器）用于调节输入的电压，如图 1-27 所示，输出至升流器输入端。它的主要作用是用来将输入的 220V 的交流电压变换成 $0\sim220V$ 的连续可调的交流电压，其输出电压是接在升流器的输入端，用于控制和调节试验所需要的大电流。

图 1-28 为粗调旋钮，调节方式有细调和粗调，根据需要的电流大小选择。调压器的粗调旋钮，用于调节调压器的输出电压。细调旋钮是用于辅助调节调压器的输出电压，可作为粗调到所需电流附近时的精确调节补充。细调电压范围是粗调电压范围的 $\pm5\%$ 左右。这种方式可以实现零电压输出，对于电流互感器退磁很合适。由于需要用同一套电源主设备做工频耐压试验，因此应在电源设备上安装过电流保护装置、计时器、过电流保护及闭锁装置。

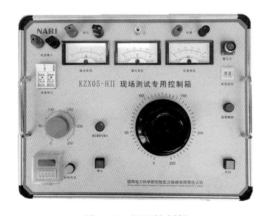

图 1-27　调压控制箱

图 1-28　粗调旋钮

在粗调和细调之间的显示灯为调压器的零位指示灯，只有当调压器的"细调""粗调"旋钮均处于零位的时候，此灯才会亮起。

最右下角的绿色按键是"启动"按键，只有当"零位指示灯"亮起的时候，按下此键才能闭合控制回路，调压器才可正常工作。

零位指示灯正下方的按键是"停止"按键，按下此键可切断调压器的输出电压信号，此时的调压器处于无输出状态。

图 1-29 为"计时器"，用于进行互感器工频耐压试验时的计时控制，其右侧按键为计时开关。

使用时，先设置好需要持续的时间长度，当通过调压器将电压升至我们需要的电压时，再将计时器按钮按下，当达到设定的时间时，提示音会自动响起。

图 1-30 为调压器的仪表监视端子及表头，用于进行互感器工频耐压试验时一次电压的监测。

图 1-29　计时器

图 1-30　仪表监视端子及表头

四、自升压式标准电压互感器

自升压式标准电压互感器如图 1-31 所示，由于它是升压器和标准电压互感器的组合体，在此，我们将其作为带有监视电压端子输出的升压器使用。标有"A"标志的端子是一次绕组的高压端子，标有"X"标志的端子是一次绕组的低压端子。

标有"100（$100/\sqrt{3}$ V"标志的端子是二次绕组极性端子，"X"标志的端子是二次绕组的非极性端子，如图 1-32 所示。

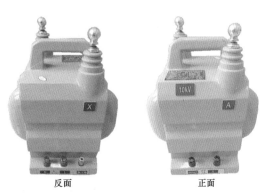

图 1-31　0.05 级自升压标准电压互感器
正反面外观

标有"N—L"标志的端子是升压时的电压输入端子，其输入的电压是"0-200V。标有接地端子符号的接线柱是接地端子，如图 1-33 所示。

图 1-32　标准电压互感器二次绕组端子　　　图 1-33　自升压标准电压互感器输入端子

图 1-34 为设备的铭牌，从铭牌上标出的产品名称可知，这是一台升压器和标准电压互感器合为一体的设备，它们共用一对高压输出端子。该设备既可以单独作为普通的升压器使用，也可以将它们合为一体使用，还可以作为带有监视仪表输出端子的升压器使用。

铭牌中显示有两列参数，左列给出的是标准电压互感器的参数，可看出额定变比有两个，一是 10kV/100V，另一个是（$10/\sqrt{3}$）kV/（$100/\sqrt{3}$）V，额定二次负荷分别为 0.2VA 和 0.07VA，准确度等级为 0.01 级。

这里需要注意的是，由于该设备是标准电压互感器，不是电力电压互感器，在此允许铭牌中标有两种电压等级的变比。

铭牌中右列参数为升压器的具体参数，显示可知，升压器的输入电压为 0～200V，输出电压为 0～10kV，额定输出功率为 800VA，由此可知该升压器的输入最大电流为 4A。

五、升压器

被试品进行工频耐压试验时的高电压发生器（升压器），如图 1-35 所示。

图 1-34　0.05 级自升压标准电压互感器铭牌　　　图 1-35　高电压发生器

根据铭牌（见图 1-36）可知，这是一台 100kV 试验变压器，它的输入电压为 200V，可以产生 100kV 的试验电压，额定容量为 5kVA，额定输入电流为 25A。

试验变压器顶部有一个高压输出端子，和监控仪表端子的低压端（同时也是接地端）构成高压输出端，可以输出 0～100kV 的高电压。

电压输入端子标有"输入 200V"标志，还有一对仪表监视端子，标有"测量 100V"标志，如图 1-37 所示。当我们对"输入 200V"端子施加 0～200V 交流电压时，仪表监视端子会输出 0～100V 交流电压，它与高压输出的比例关系是 100kV/100V。这样就可以根据监视仪表显示的数值，来确定高压输出的电压。

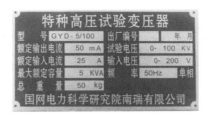

图 1-36　高电压发生器的铭牌

图 1-37　高电压发生器的输入端子和仪表监控端子

场地准备

（1）具备能满足电流互感器现场试验要求的试验场地。

（2）电流互感器现场检验的环境条件要求如下：

1）环境温度：−25～40℃，相对湿度不大于 95％。

2）环境电磁场干扰引起标准器的误差变化不大于被检互感器基本误差限值的 1/20，检验接线引起的被检互感器误差变化不大于被检互感器基本误差限值的 1/10。

主要危险点预防控制措施

（1）断开互感器侧二次回路导线如需要登高作业，应使用合格的登高用安全工具。

（2）绝缘梯使用前检查外观，以及编号、检验合格标识，确认符合安全要求。

（3）登高使用绝缘梯时应设置专人监护。

（4）梯子应有防滑措施，使用单梯工作时，梯子与地面的夹角应为 65°～75°，梯子不得绑接使用，人字梯应有限制开度的措施，人在梯子上时，禁止移动梯子。

（5）在绝缘梯上工作时，传递工具和器材必须使用吊绳和圆桶袋，注意防止工具、物件掉落。

（6）梯上高处作业应系上安全带，防止高空坠落。

（7）二次回路辨识正确，防止拆错端子。

（8）防止电流互感器二次回路开路。

任务实施

一、绝缘电阻测试

工作共分为六个步骤，具体如下。

(1) 检查绝缘电阻表的状态（以 2500V 的绝缘电阻表为例）。首先检查一下绝缘电阻表性能的好坏，具体步骤是这样的：将绝缘电阻表接线端钮"L"和"E"在开路状态下，如图 1-38 所示。摇动手柄至每分钟 120 转速，观察指针趋向"∞"大，如图 1-39 所示。

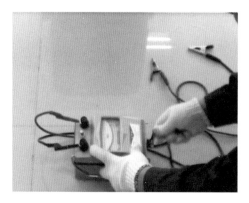

图 1-38　检查绝缘电阻表开路状态

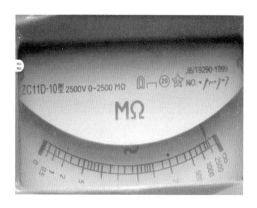

图 1-39　绝缘电阻表表针指向∞

然后，再将"L"与"E"短接，如图 1-40 所示。轻摇手柄，指针应在"0"处，如图 1-41 所示。这说明绝缘电阻表是好的。

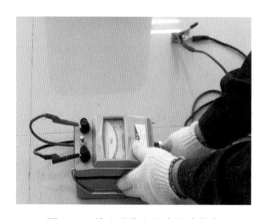

图 1-40　检查绝缘电阻表短路状态

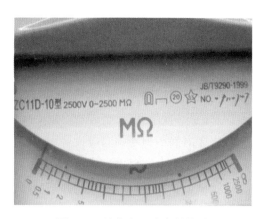

图 1-41　绝缘电阻表表针指零

(2) 设备接地。将被试电流互感器的外壳接地端子可靠接地，再引出一条准备接于被试品二次绕组上的接地线，如图 1-42 所示。

(3) 一次绕组与二次绕组及外壳绝缘电阻测量。

1) 短接一次端子，即把 P1 和 P2 用导线短接起来，如图 1-43 所示。

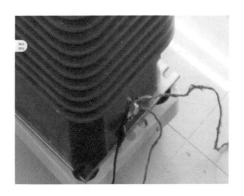

图 1-42　被试电流互感器的外壳接地　　　　图 1-43　被试电流互感器一次短接

2) 短接所有二次端子（1S1-2S1、3S1-3S2、4S1-4S2），并将这三个绕组连接在一起后统一接地，如图 1-44 所示。

3) 将绝缘电阻表"E"端接地。

保持绝缘电阻表"E"端接地状态，如图 1-45 所示，直至绝缘电阻项目测试完毕。

图 1-44　被试电流互感器二次连接　　　　图 1-45　绝缘电阻表 E 端接地

4) 测量一次绕组与二次绕组间绝缘电阻：首先检查测试接线正确，开始摇动手柄，以每分钟 120 转匀速转动；然后，我们将绝缘电阻表"L"端测试线搭上电流互感器 P1、P2 端子上，读取 60s 的绝缘电阻值。测试结束，先断开接至 P1、P2 端的"L"端测试线；再将绝缘电阻表停止运转，如图 1-46 所示。

5) 对所测的一次绕组进行放电，如图 1-47 所示。

6) 拆除二次连接线及地线。

（4）电流互感器二次绕组与二次绕组间绝缘电阻测量。（注意：此时需要更换额定电压为 500V 的绝缘电阻表）

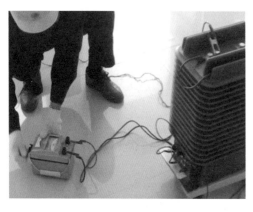

图 1-46　测量一次绕组与二次绕组间绝缘电阻

图 1-47　对一次绕组放电

1）二次绕组（1S1-2S1）与二次端子（3S1-3S2、4S1-4S2）间的绝缘电阻测量。

图 1-48　二次绕组间连线并接地

a. 短接第一个二次绕组端子（1S1-2S1），短接二次端子（3S1-3S2、4S1-4S2），并将 3S1-3S2、4S1-4S2 相连后接地，如图 1-48 所示。

b. 经检查测试接线正确后，开始摇动手柄，以每分钟 120 转匀速转动；然后，我们将绝缘电阻表"L"端测试线搭接在测量绕组（1S1-2S1），读取 60s 的绝缘电阻值，如图 1-49 所示。完成测试后，先断开绝缘电阻表接至测量绕组（1S1-2S1）端连接线；再将绝缘电阻表停止运转。

c. 用放电棒对高压测试端子放电，如图 1-50 所示。

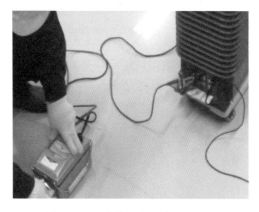

图 1-49　二次绕组间绝缘电阻测试

图 1-50　二次绕组间绝缘电阻测试后的放电

d. 拆除二次短接线、连接线及地线。

2）二次绕组（3S1-3S2）与二次端子（4S1-4S2）间的绝缘电阻测量。

a. 短接第一个二次绕组端子（3S1-3S2），短接二次端子（4S1-4S2），并将 4S1-4S2 接地。

b. 经检查测试接线正确后，开始摇动手柄，以每分钟 120 转匀速转动，然后，我们将绝缘电阻表“L”端测试线搭接在测量绕组（3S1-3S2），读取 60s 的绝缘电阻值。完成测试后，先断开绝缘电阻表接至测量绕组（3S1-3S2）端连接线，再将绝缘电阻表停止运转。

c. 用放电棒对高压测试端子放电。

d. 拆除二次短接线、连接线及地线。

（5）电流互感器二次绕组与地间绝缘电阻测量。

1）短接二次绕组端子（1S1-2S1、3S1-3S2、4S1-4S2），并将它们相连。

2）经检查测试接线正确后，开始摇动手柄，以每分钟 120 转匀速转动；然后，我们将绝缘电阻表“L”端测试线搭接在二次绕组（1S1-2S1、3S1-3S2、4S1-4S2），读取 60s 的绝缘电阻值。完成测试后，先断开绝缘电阻表接至测量绕组（3S1-3S2）端连接线，再将绝缘电阻表停止运转。

（6）拆除一、二次短接线，连接线及地线，根据测量的记录值和表 1-4 的限值进行比较，判断电流互感器绝缘电阻是否合格，在电流互感器现场试验原始记录表上给出结论，如图 1-51 所示。

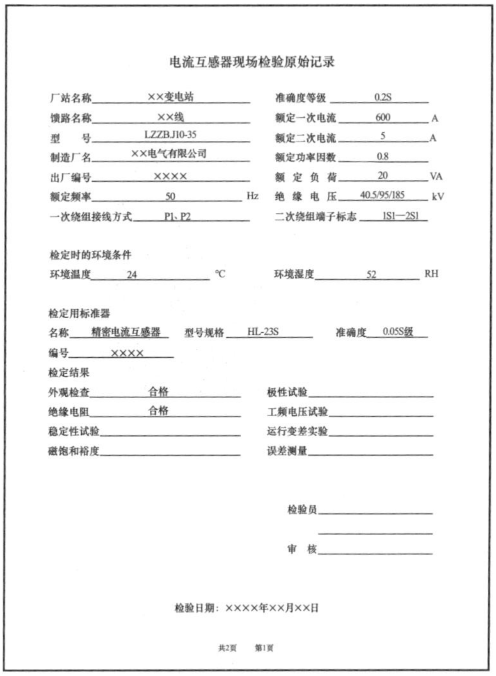

电流互感器现场检验原始记录

厂站名称 ××变电站　　准确度等级 0.2S
馈路名称 ××线　　额定一次电流 600 A
型　　号 LZZBJ10-35　　额定二次电流 5 A
制造厂名 ××电气有限公司　　额定功率因数 0.8
出厂编号 ××××　　额 定 负 荷 20 VA
额定频率 50 Hz　　绝 缘 电 压 40.5/95/185 kV
一次绕组接线方式 P1、P2　　二次绕组端子标志 1S1—2S1

检定时的环境条件
环境温度 24 ℃　　环境湿度 52 RH

检定用标准器
名称 精密电流互感器　　型号规格 HL-23S　　准确度 0.05S级
编号 ××××
检定结果
外观检查 合格　　极性试验
绝缘电阻 合格　　工频电压试验
稳定性试验　　运行变差实验
磁饱和裕度　　误差测量

检验员

审　核

检验日期：××××年××月××日

共2页　第1页

图 1-51　电流互感器绝缘电阻测试试验记录

二、工频耐压试验（选做）

（一）设备接地

由于试验电压高达几万伏，因此接地一定要可靠、接触良好。我们将接地线从接地盘上引出，先接入电源调控箱的接地再接入试验变压器及被试品的接地端，如图 1-52 和图 1-53 所示。

（二）试验回路接线

试验导线连接有三个部分，具体内容如下。

（1）将被试品的一次绕组短路并连接到试验变压器高压输出端，如图 1-54 所示。

（2）再将二次的三个绕组分别短路并用红色的短路线短接起来，并经外壳接地点引出线接地，如图 1-55 所示。

图 1-52　工频耐压试验调控箱接地

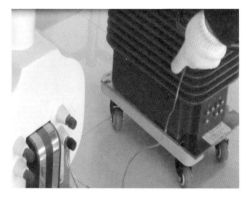

图 1-53　工频耐压试验升压器接地

图 1-54　工频耐压试验一次回路连接

图 1-55　工频耐压试验二次回路连接

（3）将试验变压器电压输入端子上接出两根电源线，接入电源调控箱的电源输出端。再将电源调控箱的电源输入线接在电源盒电源输出端，如图 1-56 和图 1-57 所示。

图 1-56　升压器输入端连接

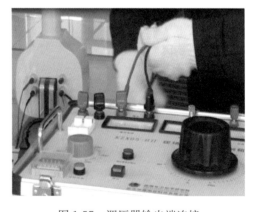

图 1-57　调压器输出端连接

（4）最后将试验变压器上 100V 仪表电压监视输出端子上接出两根线，接至电源调控箱上的仪表端子上，如图 1-58 和图 1-59 所示。这样我们的试验接线就全部接好了。

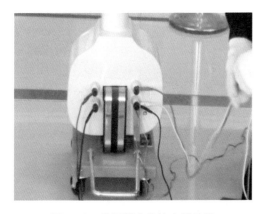
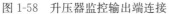

图 1-58　升压器监控输出端连接

图 1-59　调压器仪表端子连接

（三）一次绕组对二次绕组及地的工频电压试验

根据被试品的铭牌参数，我们知道它的出厂试验电压为 95kV。根据 GB/T 20840（所有部分）《互感器》中的规定，一次对二次及地工频耐压试验按出厂试验电压的 85％进行，所以我们要对被试品施加 80kV 的工频电压。

（1）首先将调控箱归零。分别逆时针方向旋转粗调和细调，当听到轻微的触碰声，则认为调压器的处于零位状态，如图 1-60 所示。

（2）根据试验变压器的额定输入电流设定电源输出过电流保护为 25A，如图 1-61 所示。耐压时间设定为 60s，如图 1-62 所示。

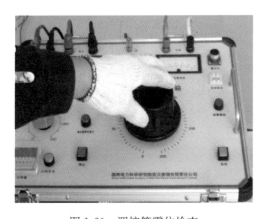

图 1-60　调控箱零位检查

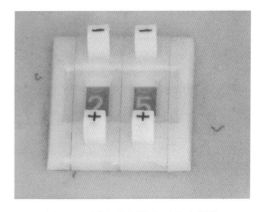

图 1-61　设定电源输出过电流保护

（3）先合上电源开关，再合上剩余电流动作保护器。此时调控箱通电后发出了的报警声，按下解除报警按钮。

（4）按下电源调控箱的启动按钮，开始升压。缓慢匀速地调节调压器，当电压表指针指在 80kV 刻度时，停止升压；按下计时开关，计时器会从 0s 逐渐递增到 60s，在升压的过程中，或停留在 60s 时间里，密切关注电流表、电压表显示有无波动，被试品有无异音及异味等现象发生。

如有异常现象出现，应立即关闭电源，停止试验。

当定时器到达 60s 时会发出报警声，说明耐压时间已到，按下计时开关，解除报警，慢慢地调节调压器旋钮，使电压平稳下降到接近零电压。

最后按下调控箱停止按钮，拉开剩余电流动作保护器、隔离开关，试验结束。

（5）放电。这是对试验回路放电。我们将一端接有地线的放电棒分别触碰被试品及试验变压器的一次接线端子上，直至放掉所有残余电荷，如图 1-63 所示。

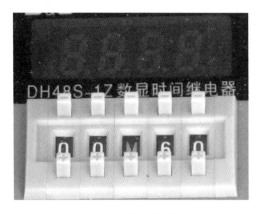

图 1-62　耐压时间设定

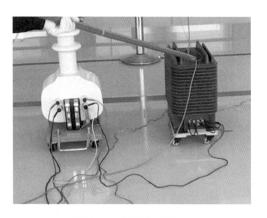

图 1-63　试验后的放电

（6）拆线。首先拆除电源盒与调控箱之间的电源线，再拆除调控箱与试验变压器上的电源线，如图 1-64 所示；最后拆除调控箱与试验变压器之间二次仪表回路接线。

现在看到的是拆除试验变压器与被试品高压端试验线（见图 1-65）及地线，并更换试验变压器。

图 1-64　拆除电源线

图 1-65　拆除一次回路导线

（四）二次绕组之间的工频耐压试验

本被试品的二次绕组有三个，由于在上面的试验中，已经分别进行了短路，这里不再重复接线。

（1）第一、二绕组间的工频耐压试验的接线。

1）首先将升压器的接地点接地，并引出一条接地线，如图 1-66 所示；并把从接地点引出的地线接在第二绕组上，把升压器高压输出端接在被试品的第一绕组上，如图 1-67 所示。

图 1-66 升压器的低压端接地

图 1-67 升压器的高压端接线

2）接下来连接二次电压监视回路及电源回路。先从升压器的 100V、X 端子上接上两根线连接到电源调控箱的仪表端子上，如图 1-68 所示。再从升压器 220V、N 电源输入端子上接出两根线连接到调控箱电源输出端钮上，最后连接调控箱至电源盒间电源线，如图 1-69 所示。

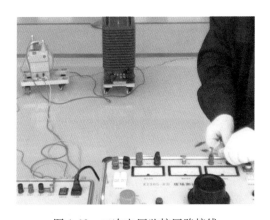

图 1-68 二次电压监控回路接线

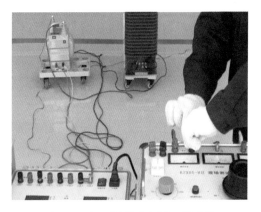

图 1-69 调压器的电源输入端连接

3）在试验前先把过电流保护值整定好，根据选用的升压器技术参数计算，其过电流保护值设定为 4A。先合电源开关，后合剩余电流动作保护器，当调控箱发出的报警声时，按下解除报警按钮。然后缓慢调节调压器旋钮，当电压表指针到达 2000V 时，停止升压，按下计时器开关，当定时器显示 60s 时会发出报警声，按下计时开关，解除报警，然后将调压器平稳回至零位。

按下调控箱停止按钮，拉开剩余电流动作保护器、隔离开关，试验结束。

4）放电。这是对试验回路放电。将一端接有地线的放电棒触碰被试品二次高电位端（试验变压器的一次接线端子），直至放掉所有残余电荷，如图1-70所示。

图1-70　试验后的放电

（2）一、三绕组间工频耐压试验。

1）把升压器高压输出端接线不变，即仍然接在第一绕组1S1-2S1。把从接地点引出的地线接从第二绕组3S1-3S2换到4S1-4S2上。

2）先合电源开关，后合剩余电流动作保护器，当调控箱发出的报警声时，按下解除报警按钮。然后缓慢调节调压器旋钮，当电压表指针到达2000V时，停止升压，按下计时器开关，当定时器显示60s时会发出报警声，按下计时开关，解除报警，然后将调压器平稳回至零位。

按下调控箱停止按钮，拉开保护开关、隔离开关，试验结束。

3）重复"放电"步骤。

（3）二、三绕组间工频耐压试验。

1）把升压器高压输出端接线由第一绕组1S1-2S1更换为3S1-3S2。把从接地点引出的地线接从第二绕组3S1-3S2换到第三绕组4S1-4S2。

2）先合电源开关，后合剩余电流动作保护器，当调控箱发出的报警声时，按下解除报警按钮。然后缓慢调节调压器旋钮，当电压表指针到达2000V时，停止升压，按下计时器开关；当定时器显示60s时会发出报警声，按下计时开关，解除报警，然后将调压器平稳回至零位。

按下调控箱停止按钮，拉开剩余电流动作保护器、隔离开关，试验结束。

3）重复"放电"步骤。

（五）二次绕组对地的工频耐压试验

（1）首先我们将接在二次绕组上的地线取下，接在被试品的外壳接地点上，再将三个二次绕组用短路线短接起来，升压器的一次试验线仍然接在短接的二次绕组上，如图1-71所示。

图1-71　二次绕组对地的工频耐压试验接线

（2）先合电源开关，后合剩余电流动作保护器，调控箱发出的报警声时，按下解除报警按钮。缓慢调节调压器旋钮，电压表指针到达 2000V 时，停止升压，按下计时器开关；当定时器显示 60s 时会发出报警声，按下计时开关，解除报警，然后将调压器平稳回至零位。按下调控箱停止按钮，拉开剩余电流动作保护器、隔离开关，试验结束。

（3）对试验回路进行放电。

（六）拆线、清理现场和资料整理

（1）首先是拆除试验接线，拆线的顺序一定要和接线的顺序相反，先拆电源线，后拆测试线。

（2）清点好所用的工器具，收集整理好现场资料。将现场清理干净，试验人员撤出试验场区。

（3）试验结果分析。确定电流互感器工频耐压试验是否通过，必须根据耐压试验前后试验结果进行综合判断。试验期间，观察试验时有无异音、异味，击穿和表面放电现象，绝缘是否保持完好，仪器指针是否有大的波动，电流上升、电压下降试验回路过电流保护动作等异常现象。

（4）填写测试报告。如果试验过程中，没有异常现象发生，则在电流互感器检验原始记录表上的工频电压试验栏填上"合格"，如图 1-72 所示。

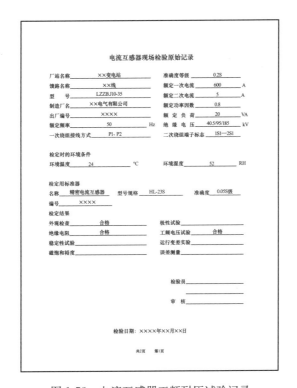

图 1-72　电流互感器工频耐压试验记录

思政小知识

包拯大义灭亲铡包勉

包拯做庐州知县时，一个老大娘来报案，被告人是包勉，告其打死了老大娘的儿子，摔死了她的孙子，强奸了她的儿媳妇，这是一起重大案件，两条人命一条强奸罪，这是要判处死刑的。包拯接到报案后立即下命令抓嫌疑人。

但是嫌疑人久久没有被逮捕归案，包拯被这起案件折磨得心力交瘁，道德与法律一直在包拯脑子里盘旋。回到家后，看见妻子手里拿着一个拨浪鼓，问包拯，这个拨浪鼓是否要扔掉。

这个拨浪鼓承载着包拯儿童时期的满满记忆，看见这个拨浪鼓，记忆也涌上了心头。这就要回到包拯的童年故事，而这个故事里面有被告人包勉和他的母亲，也就是包拯的嫂嫂。长兄如父，长嫂如母，这句话在包拯身上完整的验证了。

包拯是最小的儿子，包拯的母亲为了生包拯在包拯未满月的时候去世了，那时候的包拯还是襁褓里的婴儿。嫂嫂心疼包拯，就把包拯带回来自己养。那时候的嫂嫂也有了自己的孩子包勉。嫂嫂同时养育着包拯和包勉，奶不够喝时，都是先让包拯喝，然后让自己的儿子喝米粥，这是怎么样的一份真情真意？

包拯两岁的时候，包拯长兄买来一个拨浪鼓给自己的儿子包勉玩，小时候的孩子都不懂事，包拯和包勉抢拨浪鼓玩，包拯没抢到大哭不止，嫂嫂从包勉手里夺过拨浪鼓给包拯玩，对于自己的孩子，其实嫂嫂心里也是痛。

拨浪鼓还不小心划伤了包勉的手，这件事让包拯深深地记在了脑子里。包拯的老婆拿出拨浪鼓，就是要提醒包拯嫂嫂的这份心、这份情，让他看在嫂嫂的份上，对包勉网开一面。

嫂嫂年事已高，膝下无子，这对于这个老人家来说无疑是一种巨大的打击。道理包拯何尝不懂，但国法难容，最终还是选择将侄子缉拿归案。经过开庭审理，证据确凿。包拯开启了狗头铡，将包勉处以死刑。

最后包拯抱着侄儿的头颅痛哭。

任务评价

电流互感器绝缘试验评价表见表1-13。

电流互感器现场检验

表 1-13　　　　　　　　　　　　　电流互感器绝缘试验评价表

姓名		学号					
序号	评分项目	评分内容及要求	评分标准	扣分	得分	备注	
1	预备工作 （10分）	1）安全着装。 2）工器具检查	1）未按照规定着装，每处扣1分。 2）工器具选择错误，每次扣2分；未检查扣1分。 3）其他不符合条件，酌情扣分				
2	班前会 （10分）	1）交代工作任务及任务分配。 2）危险点分析。 3）预控措施	1）未交代工作任务，扣3分/次。 2）未进行人员分工，扣3分/次。 3）未交代危险点，扣3分；交代不全，酌情扣分。 4）未交代预控措施，扣3分。 5）其他不符合条件，酌情扣分				
3	设置安全措施及温湿度计 （10分）	1）安全围栏。 2）检查环境	1）未检查安全围栏设置情况，扣5分，设置不正确，扣3分。 2）检验前未检查环境条件扣5分。 3）其他不符合条件，酌情扣分				
4	绝缘电阻测量 （25分）	绝缘电阻测量	1）未做绝缘测试不得分。 2）选用绝缘电阻表量程不当扣3分。 3）绝缘电阻表未自检扣5分。 4）测试线路连接不正确一次扣3分。 5）测试方法不当一次扣5分。 6）测试数据记录不当扣2分。 7）表未关扣2分。 8）结论不正确扣，扣5分/项				
5	工频耐压试验（30）	1）设备接地。 2）试验回路接线。 3）一次绕组对二次绕组及地的工频电压试验。 4）二次绕组之间的工频耐压试验。 5）二次绕组对地的工频耐压试验。 6）拆线、清理现场和资料整理	1）设备接地不到位，每少一处扣4分。 2）试验回路接线出现错误，每次扣4分。 3）一次绕组对二次绕组及地的工频电压试验，操作错误每次扣5分。 4）二次绕组之间的工频耐压试验操作错误每次扣5分。 5）二次绕组对地的工频耐压试验操作错误每次扣5分。 6）拆线、清理现场和资料整理。不当之处每次扣3分				
6	整理现场 （5分）	恢复到初始状态	1）未整理现场，扣5分。 2）现场有遗漏，每处扣1分。 3）离开现场前未检查，扣2分。 4）其他情况，请酌情扣分				
7	综合素质 （10分）	1）着装整齐，精神饱满。 2）现场组织有序，工作人员之间配合良好。 3）独立完成相关工作。 4）执行工作任务时，大声呼唱。 5）不违反电力安全规定及相关规程					
8	总分 （100分）						
		试验开始时间　　　时　　分 试验结束时间　　　时　　分		用时：　　　分			
教师							

任务拓展

数字式绝缘电阻表的外观如图 1-73 所示，用于对电力互感器绝缘电阻的测量。其下方右侧的电压选择旋钮可用来选择测量绝缘电阻时施加的电压，共有四个电压选择功能，分别是 500、1000、2500、5000V。除此之外，还可以用来选择测量交流电压功能和关闭电源。下方左侧的红色按钮是加压按钮，当按下时，高低压测试线间的电压会逐步升高至设定值。图 1-73 是低压测试线，图 1-74 是高压测试线，使用时，这一对高、低压线插入绝缘电阻表的上方（见图 1-75）。

图 1-73　低压测试线　　　　图 1-74　高压测试线　　　　图 1-75　绝缘电阻表

任务四　电流互感器极性检查及基本误差试验

任务目标

掌握测量电流互感器基本误差的原理，能够进行误差试验时正确接线，掌握采用互感器校验仪法测量互感器极性的方法，能够开展电流互感器误差测量的操作流程。

任务描述

本任务主要完成电流互感器极性检查和误差测量，具体包括各类相关设备的正确使用、误差测量的正确接线、接线操作的步骤和流程，以及在额定二次负荷状态下和下限负荷状态下开展误差的测量。

知识准备

一、电流互感器的极性概念

对互感器而言，极性是指某一瞬间互感器一次绕组与二次绕组电流方向的关系如

图 1-76 所示。当一次绕组侧有电流从 L1 端流入，L2 端流出；二次侧有电流从 K1 端流出，K2 端流入，我们就称 L1 与 K1、L2 与 K2 为同极性端，而 L1 与 K2 或 L2 与 K1 为异极性端。因为从同极性端看进去的电流方向相反，故称减极性。当然对于电流互感器而言，在减极性情况下，流过仪表电流线圈的电流和一次电流方向也是相同的，所以一般互感器规定为减极性。互感器的极性是由绕向和端子标志决定的。

图 1-76　互感器线圈
电流方向

二、电流互感器误差测量的原理

推荐使用的用互感器校验仪检查绕组极性的方法，具体线路如图 1-77 所示。用校验仪的极性指示功能或误差测量功能，确定互感器的极性。

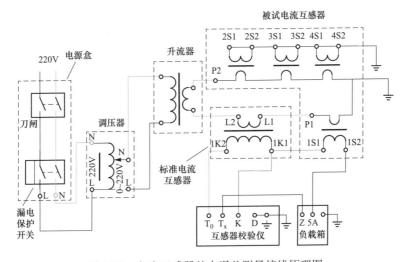

图 1-77　电流互感器基本误差测量接线原理图

图 1-77 中共包含了七台设备，分别是电源盒、调压器、升流器、标准电流互感器、被试电流互感器、互感器校验仪、电流负载箱等。

（1）电源盒：用来提供和控制电源。

（2）调压器：它可以将输入到输入端的 220V 电压变换成 0～220V 间的输出电压。

（3）升流器：用来产生在误差测量过程中所需要的大电流。

（4）标准电流互感器：是用来提供标准二次电流信号。

（5）互感器校验仪：主要是用以测量被试电流互感器的误差。

（6）电流互感器负荷箱：主要是用来给被试电流互感器的二次绕组提供额定负荷以及下限负荷。

（7）被试电流互感器：它是本任务中的测量对象。

以上所介绍的就是测量电流互感器的基本误差所用到的主要设备，当然还有图 1-77

中所用到的一、二次测量导线以及接地线等。

首先需要将电源盘连接到现场的检修电源箱，再将电源盒连接到试验现场的电源盘中。当电源盒闭合，交流 220V 的电压输入到调压器的输入端的时候，我们通过调节调压器的调节旋钮，将会在升流器的输入端产生 0～220V 的交流电压，升流器通过电磁变换，其输出端就会产生一定大小和方向的电流，由于升流器的输出端和被试电流互感器、标准电流互感器的一次绕组串连在一起，构成了闭合回路，所以这个电流会同样流过一次绕组。

假设某一瞬间，一次电流回路流过顺时针方向电流 I 的时候，它会在被试电流互感器和标准电流互感器的二次绕组分别感应出顺时针方向的二次电流 i_x 和 i_0，这是什么原因呢？

这是由互感器减极性的特性引起的，从图 1-77 中可以看到，电流 I 是从被试电流互感器一次绕组的 P2 端流入，P1 端流出，根据减极性的定义，它的二次电流应该从 1S2 端流出，1S1 端流入。同样的道理我们可以得出标准电流互感器的二次电流应该从 1K1 端流出，1K2 端流入。正是由于减极性的原因，使得被试和标准电流互感器的二次回路中的唯一一条公共支路 1K1-K 上流过了方向相反的两个电流 i_x 和 i_0。这样使得公共支路上实际流过的电流为 $i=i_x-i_0$。

由于被试和标准电流互感器的额定变比相同，所以 i 就是被试电流互感器的误差。也就是互感器校验仪的直接测量对象。

三、用互感器校验仪检查互感器极性的方法

这是规程推荐使用的用互感器校验仪检查绕组极性的方法（此方法可在电流互感器基本误差测量项目接线完毕后进行）。根据互感器的接线标志，按比较法线路完成测量接线后，升起电流至额定值的 5％以下试测，用校验仪的极性指示功能或误差测量功能，确定互感器的极性。

一般互感器校验仪上都带有极性指示灯。在误差试验的同时，就可以预先进行极性检查。这时要求标准电流互感器和被试互感器与校验仪的连接，必须按误差试验的规定线路进行接线。当通电时，如极性指示灯不亮，则说明被试互感器绕组的极性标志正确。

四、电流互感器误差测量点

根据被检电流互感器的变比和准确度等级，参照规程选用标准器并使用推荐的试验线路（见图 1-77）测量误差。电流互感器的测量点见表 1-14。

检验准确级别 0.1（0.1S）级和 0.2（0.2S）级的互感器，读取的比值差保留到 0.001％，相位差保留到 0.01′。检验准确级别 0.5（0.5S）级和 1 级的互感器，读取的比值差保留到 0.01％，相位差保留到 0.1′。

表 1-14 　　　　　　　　　　　　　电流互感器误差测量点

额定电流百分数（%）	1①	5	20	100	120
额定负荷	+	+	+	+	+
下限负荷②	+	+	+	+	—

① 只对 S 级。

② 除非用户有要求，二次额定电流 5A 的电流互感器，额定负荷 10VA 及以上的下限负荷按 3.75VA 选取，10VA 以下的下限负荷按 2.5VA 选取；二次额定电流 1A 的电流互感器，下限负荷按 1VA 选取。

五、基本误差限值

在表 1-1 的参比条件下，电流互感器的误差不得超出表 1-15 给定的限值范围，实际误差曲线不得超出误差限值连线所形成的折线范围。

表 1-15 　　　　　　　　　　　　　电流互感器基本误差限值

准确等级	电流百分数	1	5	20	100	120
1	比值差（±%）	—	3.0	1.5	1.0	1.0
	相位差（±′）	—	180	90	60	60
0.5	比值差（±%）	—	1.5	0.75	0.5	0.5
	相位差（±′）	—	90	45	30	30
0.5S	比值差（±%）	1.5	0.75	0.5	0.5	0.5
	相位差（±′）	90	45	30	30	30
0.2	比值差（±%）	—	0.75	0.35	0.2	0.2
	相位差（±′）	—	30	15	10	10
0.2S	比值差（±%）	0.75	0.35	0.2	0.2	0.2
	相位差（±′）	30	15	10	10	10
0.1	比值差（±%）	—	0.4	0.2	0.1	0.1
	相位差（±′）	—	15	8	5	5
0.1S	比值差（±%）	0.4	0.2	0.1	0.1	0.1
	相位差（±′）	15	8	5	5	5

注 电流互感器的基本误差以退磁后的误差为准。

工具准备

采用任务三的工具。

材料准备

本任务所用的材料和设备共包括电源盒、调压器、升流器、标准电流互感器、被检电流互感器、互感器校验仪、电流负载箱及若干导线，其中电源盒、调压器、被检电流互感器、互感器校验仪前面介绍过，在此不做赘述。

一、升流器

试验电源应能产生检验工作所需要的一次电流。试验电源的电压调节装置，应能无

困难地调节到需要测量的各个电流额定值的百分点上。试验电源所配备的升流器应有足

图 1-78　2000A 升流器

够的电流输出容量，由调压器和升流器等组成的试验电源设备引起的输出波形畸变因数不应超过 5%。升流器应有足够的容量和不同的输出电压挡，以满足在相应的一次测试回路阻抗下，输出电流大小和输出波形的要求，升流器需要的输出电压与所连接的电流互感器额定安匝数有很大的关系。额定安匝数大，回路阻抗也大。通常情况下，1kA 到 3kA 的输出约需 5V 电压，功率容量为 5～10kVA。图 1-78 为 2000A 的升流器。

图 1-79 是它的面板，我们看到它的输入端子标志为 220V 和 "±"，"±" 符号的右侧是升流器的接地端子，下面的这排端子是小电流时的输出端子，当我们需要的电流小于 100A 时，将通过它们的组合获得，注意，这里的 "X" 是公用端子。当我们需要的电流超过 100A 时，为了减小升流器的体积和重量，以及节省材料、方便使用和运输，一般都采用穿心来获得。

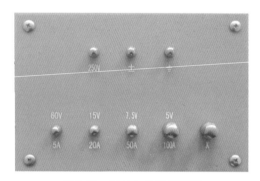

图 1-79　2000A 升流器面板

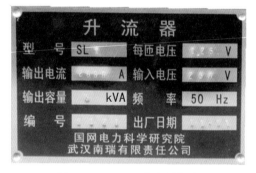

图 1-80　2000A 升流器铭牌

在使用时如何把握所需要的电流和穿心匝数的关系呢？请看升流器的铭牌，如图 1-80 所示，铭牌上比较重要的参数为：一是额定容量，这台为 5kVA。二是每匝电压，为 1.25V。三是输出电流，根据 $S=IU$ 的关系可知，理论上当穿心 1 匝时，其最大输出电流应为 4000A。但实际上，考虑到升流器输出电流导线的长度、导线截面积、回路面积和回路所串联设备的多少，其实际输出值远远达不到理论计算值，故此处的铭牌上标出的输出电流为 2000A。四是输入电压，这台设备的输入电压为 220V。

使用前可先进行估算，如果需要 720A 的大电流，升流器到底需要穿心几匝呢？用前面的计算方法来计算，穿心一匝、两匝、三匝、四匝、五匝均可，因为当穿心五匝时，升流器的输出电压为 5×1.25＝6.25V，根据 $S=IU$ 的关系，最大输出电流为 800A，那是否意味着穿心一至五匝都可以呢？在实际所需要的输出电流和升流器的额定容量一定的情况下，随着穿心匝数的增加，升流器的输出电压将由 1.25V 增加到了 6.25V，这将

意味着升流器的输入电压将逐渐减小，由于升流器的额定容量是不变的，所以这时升流器的输入电流将增加，又因为升流器的输入电流其实就是调压器的输出电流，此时就需要观察调压器的实际输出电流能否满足其本身的额定输出。

同样当穿心匝数减小的时候，如升流器的输出电压将由 6.25V 逐渐减小到了 1.25V，那将意味着升流器的输入电压将逐渐增大，而升流器的输入电压其实就是调压器的输出电压，此时就需要观察调压器的实际输出电压能否满足额定输出。

所以具体穿心的匝数，是根据理论计算、调压器的具体参数以及现场工作经验估算出来的，一般是介于理论计算出的最小和最大匝数之间；对于 720A 的电流，穿心两至三匝均可。

二、标准电流互感器

检验使用的标准电流互感器额定变比应和被检互感器相同，准确级至少比被检互感器高两个等级，在检验环境条件下的实际误差不大于被检互感器基本误差限值的 1/5。

标准器的变差（电流、电压上升与下降时两次测得误差值之差），应不大于它的基本误差限值的 1/5。

标准器的实际二次负荷（含差值回路负荷），应不超出其规定的上限与下限负荷范围。如果需要使用标准器的误差检验值，则标准器的实际二次负荷（含差值回路负荷）与其检验证书规定负荷的偏差，应不大于 10%。

现场检验电流互感器一般使用准确度 0.05S 级或 0.02S 级的标准电流互感器，如图 1-81 所示。从其外观看出，其中间有个孔，两侧分别标有 L_a 和 L_b，此时 L_a 为极性端，为 L_b 非极性端。当额定一次电流超过 100A 时，以穿过该孔的不同匝数的导线当作其一次绕组。其二次额定电流为 5A，负荷容量为 5VA。

图 1-82 是标准电流互感器的面板，面板中上排的六个端子分别为 $L_1 \sim L_6$，它们是标准电流互感器额定一次电流为 100A 及以下时的输入绕组端子，通过 L_1 与其他端子的不同组合，可分别获得不同的额定一次电流。

图 1-81 0.05S 级标准电流互感器

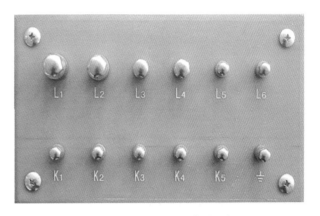

图 1-82 标准电流互感器面板

当需要它提供超过 100A 额定一次电流时，同样为了减小升流器的体积和重量，节省材料，方便使用和运输，一般也采用穿心来获得，图 1-83 是一次电流导线穿心一匝的示意图。需要注意的是，此时的一次绕组接线端子标注为 L_a-L_b。

面板中下排的六个端子分别为 K_1 至 K_5，它们是标准电流互感器额定二次绕组的输出端子，通过 K_1 与其他端子的不同组合，可分别获得对应不同的额定一次电流时的二次绕组。K_5 右侧是标准电流互感器的接地端子。

这里要注意，在一、二次绕组端子标识中，L_1 和 K_1 是极性端子，当额定一次电流超过 100A 时 L_a 和 K_1 是极性端子。

图 1-84 是标准电流互感器的铭牌，铭牌中比较重要的参数一是准确度等级，规程要求一般比被试电流互感器准确度等级高两个准确度等级，此台为 0.02S 级，满足使用要求；二是额定一次电流，显示为 5~1000A，此时需要查看变比组合表（即铭牌）中是否有变比为 600/5 的组合；三是额定二次电流，显示为 5A，与被试电流互感器额定二次电流一致。

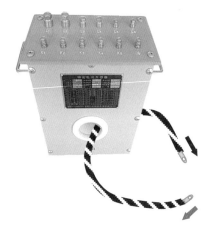

图 1-83　标准电流互感器穿心演示图

图 1-84　标准电流互感器铭牌

现在举例说明标准电流互感器的使用方法，如果现在需要它提供变比为 100/5 标准信号，通过查阅变比组合表，发现一次绕组接线的两个端子为 L_1、L_2，二次绕组接线的两个端子为 K_1、K_5。通过这两个绕组的组合，就可以获得标准的 100/5 变比。

当我们现在需要它提供变比为 600/5 标准变比时，通过查阅变比组合表，发现一次绕组接线显示为穿心一匝，二次绕组接线的两个端子为 K_1、K_2。

通过这两个绕组的组合，就可以获得 600/5 的标准变比。

三、互感器校验仪

为了便于进行极性试验和测量变比，一般使用的是具有宽示值范围的数字校验仪。校验仪应有导纳和阻抗测量功能，示值量程满足现场电流负荷测量需要。互感器校验仪测量阻抗的回路与测量互感器的回路共同测量通道，一般情况下差流回路的允许输入电流不超过 0.5A。但是由于负荷具有一定的线性，现场检验时允许在低于额定值的电流下测量负荷箱的阻抗值。这样只需要具有宽示值量程互感器校验仪就可以满足测量负荷箱的要求。

图 1-85 是数字式互感器校验仪，用于互感器误差测试及极性判断。通过按键操作进入测量界面。图 1-85 中 3 个窗口分别可显示比差、角差、电流百分比等。图 1-86 显示的是互感器校验仪功能键，一般的互感器校验仪都具有四个功能：一是导纳的测量，用字母 Y 表示；二是阻抗的测量，用字母 Z 表示；三是电流互感器误差的测量，用字母组合 CT 表示；四是电压互感器误差的测量，用字母组合 PT 表示。使用时根据需要按下相应的功能键。

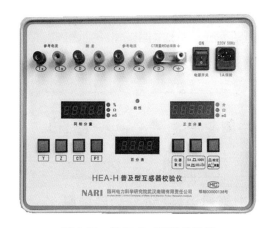

图 1-85　数字式互感器校验仪

图 1-86　互感器校验仪功能键

误差测量装置的比值差和相位差示值分辨率应不低于 0.001％和 0.01′。在检验环境条件下，误差测量装置引起的测量误差，应不大于被检互感器基本误差限值的 1/10。其中差值回路的二次负荷对标准器和被检互感器误差的影响均不大于它们基本误差限值的 1/20。还可测量额定二次电流 1A 的 1％点，在这一点的测量误差不大于 5％。

现在再来了解一下互感器校验仪的辅助功能键，如图 1-87 所示。这三个辅助功能键中，第一个是复位键，第二个是组合键，它是用来与 CT 键或 PT 键组合使用的，当 CT 键按下时，如果组合键按下，则表示所测线路的电流互感器额定二次电流为 1A；反之，则表示额定二次电流为 5A。同样，当 PT 键按下时，如果组合键按下，则表示所测线路的电压互感器额定二次电压为 $100/\sqrt{3}$；反之，则表示额定二次电压为 100V。第三个为检定/测量键，这个键的设置是与历史原因有关系，没有太多的意义，可不用管它。

图 1-88 中的六个端子是具体测量时的接线端子，根据测差式校验仪传统标识方法，T_X、T_0 为参考电流接线端子，K、D 为测差回路接线端子，a、x 为参考电压接线端子。

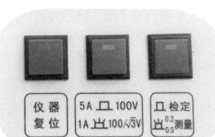

图 1-87　互感器校验仪辅助功能键　　　　图 1-88　互感器校验仪接线端子

图 1-89 所示是互感器校验仪的接地端子。

图 1-90 所示为互感器校验仪的数据显示窗口，一般把它叫作比差显示窗口、角差显示窗口、百分表显示窗。当然这么称呼的前提是该校验仪是用作测量互感器误差的设备，如果考虑到它四个功能的通用性，也可以把比差显示窗口叫作同相分量显示窗口，把角差显示窗口叫作正交分量显示窗口。

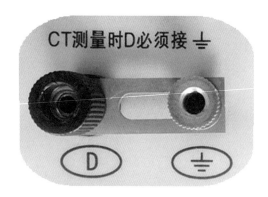

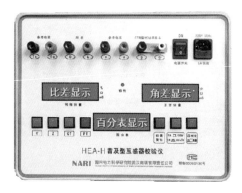

图 1-89　互感器校验仪接地端子　　　　图 1-90　互感器校验仪数据显示窗口

在比差显示窗口和角差显示窗口之间，有一个极性指示灯，在试验接线正确的前提下，当被试品的极性出现错误时，该灯会亮起，同时伴随有报警声。

四、互感器负荷箱

用于电力电流互感器检验的电流负荷箱，在接线端子所在的面板上应有额定环境温度区间、额定频率、额定电流及额定功率因数的明确标志。电流负荷箱应标明外部接线电阻数值。规程推荐的额定温度区间为：低温型−25～15℃，常温型−5～35℃，高温型15～40℃。检验时使用的电流负荷箱，其额定环境温度区间应能覆盖检验时实际环境温度范围。

在规定的环境温度区间，电流负荷箱在额定频率和额定电流的80%～120%范围内，有功和无功分量相对误差均不超出±6%。残余无功分量（适用于功率因数等于1的负荷箱）不超出额定负荷的±6%。在其他有规定的电流百分数下，有功和无功分量的相对误差均不超出±9%，残余无功分量（适用于功率因数等于 1 的负荷箱）不超出额定负荷的±9%。

图 1-91 所示为常温型电流互感器负荷箱，用以给被试电流互感器提供二次负载，这里我们看到的"Z"和"5A"端子，是负载箱的输入、输出端子，它俩没有方向性，使用时是通过这两个端子将负载箱串入到被试互感器二次回路中的。"5A"端子右侧是负载箱的接地端子。

图 1-92 所示是负载箱的调节盘，可根据被试电流互感器的二次负荷功率因数值来转动转盘选择不同的负载。当功率因数是 1.0 时，使用左面这一半；当功率因数是 0.8 时，使用右面这一半。特别需要注意的是，当电力电流互感器的额定二次负载大于或等于 5VA 时，二次负荷的功率因数应为 0.8（滞后），当二次负荷小于 5VA 时，采用功率因数 1.0 挡位。

图 1-91　电流互感器负荷箱

图 1-92　电流互感器负荷箱转盘

调节旋钮上的这个小三角箭头旋转到某一数值处，则表示负载箱的输出为该值，注意它的单位为欧姆，由于被试电流互感器额定输出一般是以伏安为单位，使用时需要做一个换算。

因为容量 S 等于电流 I 的平方乘以阻抗 Z，所以有 $S=I^2Z$，当 $I=5A$ 时，则 $Z=S/25$。

例如：当 $S=20VA$ 时，则 $Z=0.8W$。

需要强调一点，由于电流负载箱在使用时，是串联在被试电流互感器二次回路中的，考虑到从互感器二次端子到负载箱之间导线本身的电阻影响，所以负载箱在设计时，已经预留出 0.06Ω 导线的电阻量。

场地准备

（1）具备能满足电流互感器现场试验要求的试验场地。

（2）电流互感器现场检验的环境条件要求如下：

1）环境温度：−25～40℃，相对湿度不大于 95%。

2）环境电磁场干扰引起标准器的误差变化不大于被检互感器基本误差限值的 1/20，检验接线引起的被检互感器误差变化不大于被检互感器基本误差限值的 1/10。

预防控制措施

（1）接线时如需要登高作业，应使用合格的登高用安全工具。

（2）绝缘梯使用前检查外观，以及编号、检验合格标识，确认符合安全要求。

（3）登高使用绝缘梯时应设置专人监护，传递工具和器材必须使用吊绳和圆桶袋，注意防止工具、物件掉落。

（4）梯子应有防滑措施，使用单梯工作时，梯子与地面的夹角应为 $65°\sim75°$，梯子不得绑接使用，人字梯应有限制开度的措施，人在梯子上时，禁止移动梯子。

（5）梯上高处作业应系上安全带，防止高空坠落。

（6）戴好安全帽和绝缘手套。

（7）加强监护，避免误入带电间隔。

（8）接线前应检查被试品二次端子与实际二次回路的连接状况，如果是设备验收试验，则所有二次绕组应与实际二次回路断开，被测二次绕组接入电流负载箱，其余非被测二次绕组用短接线短接后并可靠接地。如果是实际负荷下的检验，除应将被测二次绕组的实际二次负荷串联在被试品二次测试回路中，其余所有非被测二次绕组应与实际二次回路断开，并用短接线短接后可靠接地。

（9）接线时保持和相邻带电部位的安全距离。

（10）接线完成后，应对接线进行复核。

（11）在绝缘梯上工作时，传递工具和器材必须使用吊绳和圆桶袋，注意防止工具、物件掉落。

（12）接线前应检查装置电源在断开位置。

（13）检查调压器粗调、微调旋钮是否回零。

（14）检查绕组极性时如需要登高作业，应使用合格的登高用安全工具。

（15）绝缘梯使用前检查外观，以及编号、检验合格标识，确认符合安全要求。

（16）防止操作不当导致设备损坏。

（17）防范调压控制器复位不完全或电源未断开造成的人身伤害。

任务实施

一、电流互感器误差测量的接线

进行基本误差测量的操作（假定该互感器已做过退磁试验）前，先确定被检电流互感器参数如下。

(1) 二次绕组：$1S_1$-$2S_1$；

(2) 绕组变比：600/5（A）；

(3) 准确度等级：0.2S级；

(4) 额定二次负荷：20VA。

（一）试验接线准备

接线之前，需要把测量设备和被测设备摆放到合适的位置，当然，被试互感器的位置是无法摆放的。只能根据实际情况摆放测量设备。

由于电流互感器误差测量都是低压下进行，尽管有时被试互感器的额定电压很高，但在停电状态下，一般不会考虑它与测量人员之间的安全距离。所以此项试验的设备摆放比较简单，原则是距离适中，便于接线。

为了便于学习，把电流互感器误差测量的接线方法分成四个步骤，分别是：①接地线的连接；②一次回路的连接；③二次回路的连接；④电源线的连接。

（二）连接接地线

首先需要在现场找一个可靠的接地点，将接地线和接地点（在此用接地盘代替）可靠连接。如图1-93所示。为了确保作业过程中的安全，所有需要接地的地方都应该接地，这里包括试验接地和保护接地，一般在外壳上都有明显接地标志"⏚"。

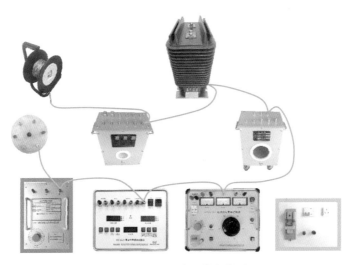

图1-93 接地线连接实物图

用绕有接地线的接地线车依次将电流负载箱、互感器校验仪、调压器、标准电流互感器、被试电流互感器、升流器等的设备接地点连接在一起。在连接的过程中，互感器校验仪的试验接地"D"点和被试电流互感器非被测二次绕组的非极性端子"$3S_2$"和"$4S_2$"点也需要一并接地（注意互感器校验仪的"D"与外壳地有连片连接，一般都需要保持连接状态，可根据互感器校验仪说明书确定）。

（三）连接一次导线

接电流一次线时，应首先检查被接导体是否存在氧化或污垢等现象，如果被接导体氧化或存在污垢，应用砂纸或其他工具清洁后再连接，严禁点接触。同时应尽量减小一次连线的长度。

根据被试品的被测变比为 600/5 信息，查找标准电流互感器的铭牌上关于 600/5 的一、二次接线方式及端子，由铭牌获悉，一次接线方式是穿心一匝，二次绕组接线方式是 K_1-K_2。

先用一次导线在升流器的穿心孔中穿心两匝，将一次导线的一端连接到被试电流互感器一次绕组的 P_2 端子，另一端从标准电流互感器标有 L_b 一侧的穿心孔中穿心一匝，从标有 L_a 一侧穿出，连接到被试电流互感器一次绕组的 P_1 端子。这步的操作需要注意两点，一是一次电流导线在穿心升流器完成后，其中一侧的导线需要先穿过标准电流互感器再接到 P_1 端，所以长度预留要充分；二是一次导线的两端在和 P_1、P_2 端子压接时，一定要压紧，否则会引起线头发热。

图 1-94 中，黑花色线标出的为用一次大电流导线连接出的一次回路。需要注意的是，该回路中的升流器穿心两匝，由于升流器不是计量器具，它产生的大电流用于提供试验一次回路电流。所以它的穿心匝数没有严格的意义，只要能满足试验需要的大电流即可。

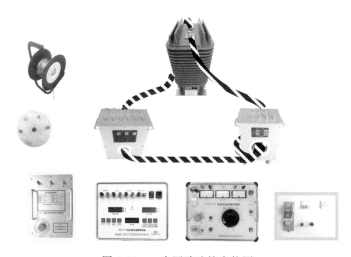

图 1-94　一次回路连接实物图

（四）连接测差回路

被试电流互感器被测二次绕组的非极性端 $2S_1$ 串联电流负载箱后，连到了互感器校验仪的"T_x"端子，经过互感器校验仪的"K"和标准互感器的极性端 K_1，最后连接到被试电流互感器的极性端 $1S_1$，构成了被试电流互感器的二次回路。差流支路（互感器校验仪的"K"和标准互感器极性端 $1K_1$ 的连接线）经校验仪的"T_0"端子和标准电流互感器的非极性端 K_2 的连接线，形成了标准互感器二次回路。为了安全考虑，还需要将被试电流互感器的其他绕组（$3S_1$-$3S_2$、$4S_1$-$4S_2$）分别短接起来并接地，如图 1-95 所示。

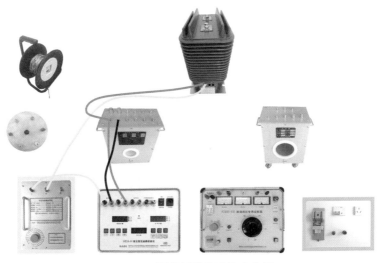

图 1-95　测差回路的连接实物图

（五）连接电源线

先检查电源开关，确保其处于分断状态，将电源调控箱的两个输出端子用两根导线分别连接到升流器的两个输入端子，再将电源调控箱的两个输入端子分别连接到电源盒的电源输出端子，如图 1-96 所示，红色线和黑色线标出的为电源连接导线。现场如果具备三相电源，则尽量避免测试仪器工作电源与升流器电源使用同相，以免容量变化过大干扰校验仪正常工作。

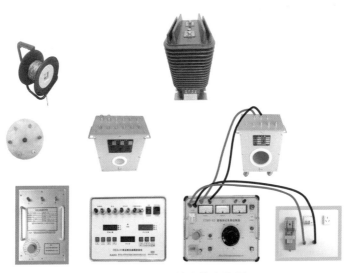

图 1-96　电源线连接实物图

（六）电流互感器基本误差测量接线

图 1-97 为图 1-93～图 1-96 组合形成一个完整的电流互感器基本误差测量接线图。

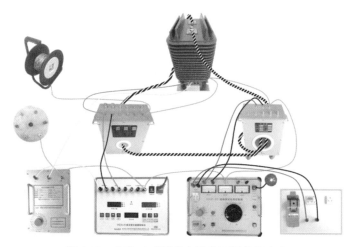

图 1-97　电流互感器基本误差测量接线实物

二、电流互感器的极性检查

具体操作步骤如下：

（1）检查负载箱并将其置于零伏安挡位，如图 1-98 所示。

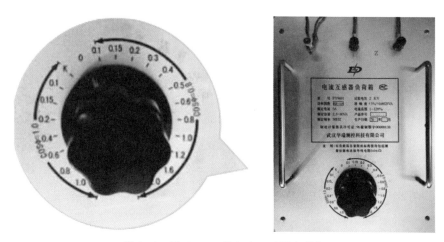

图 1-98　置于 0VA 的电流互感器负载箱

（2）合上电源开关（先闭合隔离开关，再合剩余电流动作保护器，如图 1-99 和图 1-100 所示）。

（3）逆时针方向调节调压器的粗、细条旋钮，确保其处于零位状态（零位指示灯亮起，如图 1-101 所示）。

（4）打开互感器校验仪电源，如图 1-102 所示，按下功能键"CT"，进入电流互感器误差测量界面，如图 1-103 所示。

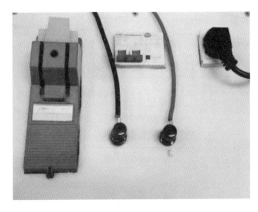

图 1-99　合上闸刀

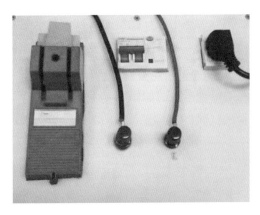

图 1-100　合上剩余电流动作保护器

图 1-101　调压器零位指示灯

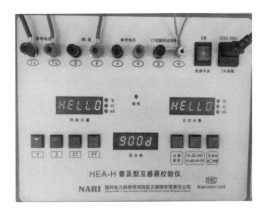

图 1-102　打开互感器校验仪电源

（5）启动电源控制箱，如图 1-104 所示，操作调节设备，应均匀缓慢地顺时针调节旋钮，此时观察校验仪的百分表窗口，确保百分表显示不超过额定电流的 5%，如图 1-105 所示。

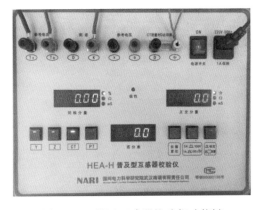

图 1-103　设置互感器校验仪功能键

图 1-104　启动调压器的启动按键

（6）当互感器校验仪的误差显示窗口显示有误差，且极性报警灯不亮，也没有报警声，则认为该电流互感器的极性为减极性。在极性正确的情况下，如果出现极性报警灯亮，或报警声响，一般是出现了较为严重的接线错误。

（7）将调压器按逆时针方向调到零位，并按下调压器的停止按钮以断开电源。在电流互感器现场检验原始记录上填写记录，如图 1-106 所示，后续将进行电流互感器误差测量的试验。

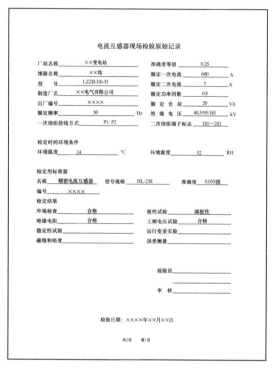

图 1-105　用互感器校验仪法测量极性　　　　图 1-106　在原始记录上记录减极性

三、基本误差测量

（1）检查负载箱并根据被试品的额定负载 20VA 进行换算，将负载箱的切换开关旋转到 0.8Ω 挡位，如图 1-107 所示。

（2）逆时针方向旋转调压器的粗细调旋钮，确保它们在零位。

（3）复核无误后，合上电源开关（先闭合隔离开关，再合剩余电流动作保护器）。

（4）打开互感器校验仪电源，设置电流互感器误差测量界面。

（5）按下电源控制箱的"启动"按键，顺时针方向调节旋钮，升降应均匀缓慢地进行。

以上步骤参见极性测量操作要领。

（6）调节旋钮时，用眼睛观察互感器校验仪的百分表窗口，按额定一次电流的 1%（S 级，见图 1-108）、5%、20%、100%、120%（见图 1-109）测试点要求，依次调节并读取在额定二次负荷时的各点误差数据，记录在"电流互感器现场检验原始记录"的相应位置，测试完毕后将调压器的粗细调旋钮均回零，按下"停止"按键。

图 1-107 置于 20VA 的电流互感器负载箱

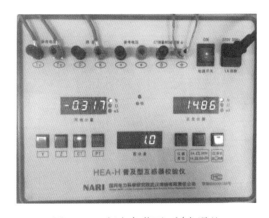

图 1-108 额定负荷下 1％点误差   图 1-109 额定负荷下 120％误差

（7）将负载箱调节到下限负载值（额定二次电流为 5A 的电流互感器，下限负荷按照 3.75 选取，换算后为 0.15Ω，如图 1-110 所示），重新启动调控箱的"启动"按键，按额定一次电流的 1％（S 级）、5％、20％、100％的要求，依次调节并读取在下限负荷时的各点误差数据，记录在"电流互感器检验原始记录"的相应位置，如图 1-111 所示。测试完毕后将调压器的粗细调旋钮均回零，按下"停止"按键。

（8）恢复二次测量设备至初始状态：①退出电流互感器误差测量界面并关闭互感器校验仪电源；②断开闸刀和剩余电流动作保护器（先断开剩余电流动作保护器，再拉开闸刀）；③将负载箱切换到零伏安挡位。

（9）根据测量结果，查阅表 1-15 电流互感器误差限值判断被试互感器误差数据是否合格。

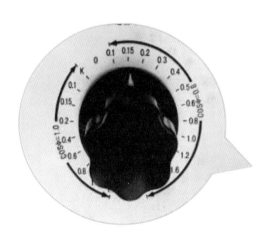

图 1-110 置于 3.75VA 的电流互感器负载箱

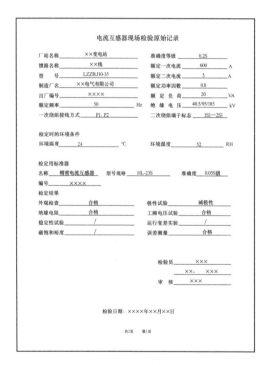

A相	互感器编号：××××					电流比：600/5			
I_r/I_n(%)	1	5	20	100	120	二次负荷		实际负荷	
						VA	cosφ	R	X
f(%)	−0.3170	−0.2760	−0.1497	−0.0629	−0.0627	20	0.8		
δ(′)	+14.860	+9.210	+1.514	+1.484	+1.485				
f(%)	−0.0205	−0.0080	+0.0133	+0.0491	/	3.75	0.8		
δ(′)	+2.518	+2.463	+1.093	−0.392	/				

图 1-111 电流互感器现场检验原始记录数据

四、试验后的放电

（1）放电时，先把放电棒的金属端子通过接地线接地。

（2）然后用一只手抓住放电棒的绝缘柄，另一只手抓着绝缘杆，对需要放电的部位进行触碰。

（3）放电位置，一般选择升流器的输入端，试验一次回路和二次回路三个地方进行，如图 1-112 所示。

图 1-112　电流互感器误差试验后的放电

五、收工

（一）拆试验导线

（1）降下升流器至零位并断开电源，必须有物理可见断开点。

（2）拆除临时接用电源。

（3）使用专用放电棒对试品一、二次侧进行放电。

（4）依次拆除一次和二次试验导线。

（5）拆除一次和二次设备接地。

（二）恢复、清理现场

（1）恢复被试互感器二次接线并经复核正确。

（2）整理、清点作业工具和检验设备。

（3）清扫整理作业现场，加装封印，并拍照留存。

（4）做好客户或厂站管理方的告知或签字确认事宜。

（三）现场收工

（1）清点工作班成员。

（2）确认工作任务完成情况。

（3）检查现场是否有遗留物品。

（四）办理工作票终结

（1）办理工作票终结手续，如图 1-113 所示。

（2）请运行单位人员拆除现场安全措施。

（3）组织工作班成员有序离开现场。

（五）根据试验结果判断结论

根据极性测试结果、误差试验测试结果等，填写试验报告，如图 1-111 所示。

变电第一种工作票

单位 ××供电公司　　　　编号×××××××

1.工作负责人（监护人） ×××　　　　班组 检验检测班组

2.工作班人员（不包括工作负责人）

××、××××、××××、×××等共 4 人。

3.工作的变、配电站名称

××变电站××线路（线路编号为×××）计量用电流互感器现场试验

4.工作任务

工作地点及设备双重名称	工作内容
××变电站的××××线路(线路编号为×××)的计量点电流互感器	计量用电流互感器现场试验

5.计划工作时间：自××××年 ×× 月 ×× 日 ×× 时 ×× 分

至××××年 ×× 月 ×× 日 ×× 时 ×× 分

6.安全措施（必要时可附页绘图说明）

应拉断路器（开关）、隔离开关（刀闸）	已执行*
已断开××号断路器(开关)	已执行
应装接地线、应合接地刀闸（注明确定地点、名称及接地线编号*）	已执行
已装设××号接地线	已执行
应设遮拦、应挂标示牌及防止二次回路误碰等措施	已执行
已设置××号安全遮拦	已执行

* 已执行栏目及接地线编号由工作许可人填写。

工作地点保留带电部分或注意事项（由工作票签发人填写）	补充工作地点保留带电部分和安全措施（由工作许可人填写）
××线路已停电	1.严格按照作业指导书操作
1.着装规范：穿工作服、绝缘鞋，戴安全帽、线手套	2.加强监护，做到"四不伤害"
2.操作过程中严禁TA二次回路开路	3.带电区域四周，已设置安全围栏，出、入人员要走指定通道
3.工作时使用合格的工器具	
4.保持与带电部位足够的安全距离	

工作票签发人签名 ××× 签发日期：×××× 年××月××日××时 ×× 分

7. 收到工作票时间 ××××年×× 月 ×× 日××时 ×× 分

运维人员签名 ×××　　　　工作负责人签名 ×××

8. 确认本工作票1~7项

工作负责人签名 ×××　　　　工作许可人签名 ×××

许可开始工作时间：××××年 ×× 月 ×× 日 ×× 时 ×× 分

9. 确认工作负责人布置的工作任务和安全措施

工作班组人员签名：×××、×××、××、×××

10. 工作负责人变动情况

原工作负责人______离去，变更______为工作负责人

工作票签发人______ ______年____月____日____时____分

11. 工作人员变动情况（变动人员姓名，日期及时间）：

工作负责人签名 ______

12. 工作票延期

有效期延长到______年______月______日______时______分

工作负责人签名______ ______年______月____日____时____分

工作许可人签名______ ______年______月______日______时______分

13. 每日开工和收工时间（使用一天的工作票不必填写）

收工时间				工作负责人	工作许可人	开工时间				工作许可人	工作负责人
月	日	时	分			月	日	时	分		

14. 工作终结

全部工作于××××年 ×× 月 ×× 日 ×× 时 ×× 分结束，设备及安全措施已恢复至开工前状态，工作人员已全部撤离，材料工具已清理完毕，工作已终结。

工作负责人签名 ××× 工作许可人签名 ×××

15. 工作票终结

临时遮拦、标示牌已拆除，常设遮拦已恢复。未拆除或未拉开的接地线编号 ×× 等共 × 组、接地刀闸（小车）共 × 副（台），已汇报调度值班员。

工作许可人签名 ×××　　××××年 ××月××日××时 ×× 分

16. 备注

(1) 指定专责监护人______负责监护______（地点及具体工作）

(2) 其他事项：______

图 1-113　电流互感器现场检验变电第一种工作票终结

思政小知识

2012年2月上旬，某市区加气站用于贸易结算的两台加气机未按规定申请检定，而且在充装车用天然气瓶过程中，未将所充装的气体质量在显著位置向社会公示、充装未经使用登记的气瓶，多项行为均不符合车用气瓶安全技术监察规程的要求。

市质监局给予罚款3万元，并责令整改。本案例提醒使用计量器具的广大用户注意：凡是用于贸易结算、医疗卫生、安全防护、环境监测、社会共用计量标准等方面的计量器具属于强制检定计量器具，必须依法按周期检定。

任务评价

电流互感器基本误差试验评价表见表1-16。

表 1-16　电流互感器基本误差试验评价表

姓名		学号				
序号	评分项目	评分内容及要求	评分标准	扣分	得分	备注
1	预备工作（5分）	1）安全着装。 2）工器具检查	1）未按照规定着装，每处扣1分。 2）工器具选择错误，每次扣2分；未检查扣1分。 3）其他不符合条件，酌情扣分			

续表

序号	评分项目	评分内容及要求	评分标准	扣分	得分	备注
2	班前会 （10分）	1）交代工作任务及任务分配。 2）危险点分析。 3）预控措施	1）未交代工作任务，扣5分/次。 2）未进行人员分工，扣5分/次。 3）未交代危险点，扣5分；交代不全，酌情扣分。 4）未交代预控措施，扣5分。 5）其他不符合条件，酌情扣分			
3	放电与接地 （10分）	1）充分放电。 2）接地	1）未放电，扣5分/次。 2）未正确放电，扣3分。 3）未正确接地，扣5分/次。 4）其他不符合条件，酌情扣分			
4	设置安全措施及温湿度计 （5分）	1）安全围栏。 2）检查环境	1）未检查安全围栏设置情况，扣5分，设置不正确，扣3分。 2）检验前未检查环境条件扣5分。 3）其他不符合条件，酌情扣分			
5	绕组极性检查 （15分）	1）要求能够正确检查、判断所测绕组的极性。 2）要求在5%I_N以下判定	1）结论判断错误，扣10分 2）操作流程不正确，扣2分。 3）方法不正确扣2分。 4）超过5%额定电流，扣5分			
6	正确接线 （15分）	根据检定规程规定，正确完成地线、一次接线、二次接线及电源线的连接（接线顺序：地线、一次线、二次测试线、电源线，拆线顺序与接线相反）	1）未按规定顺序接、拆线，每次扣2分。 2）申请合闸通电后，经老师提醒，自己检查出接线错误并改正每次扣8分。自己未检查出错误，由老师指出错误并改正每次扣12分。 3）"校验仪接地点""接地盘"此2点少一处扣12分，其他接地少接一处扣3分			
7	误差测量 （25分）	根据规程规定对互感器在额定负载和下限负载下测定其误差	1）调压器不在零位而送、停试验电源者，每次扣5分。 2）未开启校验仪工作电源而进行调压器操作者，每次扣3分（未按"启动"按钮进行调压器操作，自己发现不扣分，由老师指出扣2分）。 3）检验设备功能键或挡位选择错误，每处（次）扣2分（负荷箱VA值挡位错扣8分）。 4）在未断电的情况下，切换负载箱挡位，每次扣3分。 5）测试点选择不正确，每点扣5分（按JJG 1189.3的要求）。 6）检验结束未切断总工作电源而拆除试验导线，扣8分。 7）试验一次导线连接不牢固造成试验中脱落扣10分；二次接线脱落扣6分。 8）调整测试点偏离规定值的±2%每点扣0）5分。 9）停、送电顺序错误每次扣2分。 10）其余不当操作每次扣1分			

续表

序号	评分项目	评分内容及要求	评分标准	扣分	得分	备注
8	整理现场 （5分）	恢复到初始状态	1）未整理现场，扣5分。 2）现场有遗漏，每处扣1分。 3）离开现场前未检查，扣2分。 4）其他情况，请酌情扣分			
9	综合素质 （10分）	1）着装整齐，精神饱满。 2）现场组织有序，工作人员之间配合良好。 3）独立完成相关工作。 4）执行工作任务时，大声呼唱。 5）不违反电力安全规定及相关规程				
10	总分 （100分）					
		试验开始时间　　时　　分 试验结束时间　　时　　分		用时：　　分		
	教师					

任务拓展

一、直流法检查互感器极性的方法

确定电流互感器极性时，采用图 1-114 所示的接线，将适当小量程的直流电流表接至被试互感器二次出线端，一次加 15V 直流电源（也可二次侧供电，在一次侧接适当小量程直流电压表进行测量），使对应端正负相同，其判断方法同上。

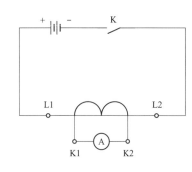

图 1-114　确定电流互感器
极性的接线方式

采用直流法检查极性时，可能在互感器铁芯上产生剩磁，所以为了避免剩磁影响误差特性，对于精密互感器最好不用此法。

二、GIS 中电流互感器的误差试验方法

进入 21 世纪开始，随着我国的经济进一步发展和改革开放的深入，全气体绝缘封闭组合电器（gas insulated switchgear，GIS）逐渐在我国推广开来，由于其全封闭的特点，给其内部的互感器试验带来了一定的困难，对于 GIS 中的电流互感器的误差测试，其一次回路的连接方法与开放式变电站中的电流互感器相比完全不同，由于其全封闭的特点，具体的试验人员是无法看到试品的，所有的试验方案都是通过设计图纸来确定，对于电流互感器而言，其一次电流的加载，本教材推荐的是通过 TA 两边的接地点送入的，二次绕组的识别则全靠二次端子箱中的线头标签来确定，这种特殊性本身就存在着隐患，因为 GIS 中的每个间隔的每一相，一般都串有好几个 TA，有用于计量的，有用于测量的，有用于保护的，每个 TA 的二次往往还有好几个抽头，以达到多变比的目的。这就意味着每一相的

TA 二次出端将有很多出线，而从 GIS 的 TA 二次出线端到二次端子箱还得需要重新转接，稍有不慎，就会出错。

（一）变电站一次系统图简介

由于从事互感器现场误差试验的人员大部分都是电测（计量中心）专业的技术人员，平时接触一次系统的机会较少，在此有必要对变电站一次系统图作一简单的介绍。见图 1-115，变电站某一电压等级一次系统图如图 1-115 所示，图中有字母 E 的编号表示隔离开关，有字母 D 的编号表示接地开关，有字母 F 的编号表示断路器。两条电压互感器线路中隔离开关分别用 Y21A 和有 Y22A 表示，接地开关用带有字母 AD 的编号表示。我们接触的大部分 330、500kV 电压等级的一次系统基本上如此，110、220kV 电压等级的互感器误差试验也可参照图 1-115 来分析，该系统共有 4 条出线（分别为甲Ⅰ线、甲Ⅱ线、乙Ⅰ线、乙Ⅱ线）、1 台主变压器（1 号主变压器）、1 条母联、2 条母线 TV（1 号母线 TV、2 号母线 TV），每条出线或主变的断路器两侧一般共装有 6~8 个电流互感器线包，在此假设为 8 个（TA1~TA8）线包，而且一般 TA8 为 0.2S 级、TA1 为 0.5S 级（500kV 站中一般为 0.2S 级），其余的 6 个为测量级和保护级。我们的目的就是要现场检验电能计量用电流互感器（0.2S 级）和电压互感器（0.2 级）。

（二） GIS 中电流互感器现场误差试验

对于敞开式变电站中的电流互感器，其现场试验接线图如图 1-116 所示，由于每只互感器内包含有 8 个（假设的个数）线包，所以 TA1~TA7 需要短接并接地。

而 GIS 中的电流互感器的误差试验，一般的方法是将 TA 所在间隔的一个接地开关的接地连片打开，从该处将大的一次电流串入测量回路。但具体拆哪个连片较好，且该方法是否普遍适用等，由于不同的 GIS 生产厂家产品的结构不同，所采用的测量回路的路径也不相同等，这里有必要进行详细的阐述，由于 GIS 中互感器的误差试验的难度主要在如何构成一次回路，而标准器、二次回路以及测试设备部分相关规程和文献资料中均有较详细的规定和说明，在此我们将主要阐述一次回路的构成。

对于大部分国内 GIS 生产厂家以及国外原装进口的产品，在每一相的接地开关与接地点（外壳）间均有一个独立且可拆卸的接地连片，将此连片拆除，即可将试验用的大电流送入被试品回路。

以乙Ⅰ线中 0.2S 级电流互感器（TA8）的误差试验为例，见图 1-115，由于在该间隔中共有 D35、D55、D65 三个接地开关，也就有三个接地连片，理论上说拆哪一个都可以，我们可分析一下：

（1）由于 D35 直接和高压套管的出线相连，它们之间没有隔离开关，如果拆此连片作为接入点，则需要将高压套管的出线拆除，一次信号需经过 D35、E35、F45 和 D65 等 4 个开关方可构成回路。

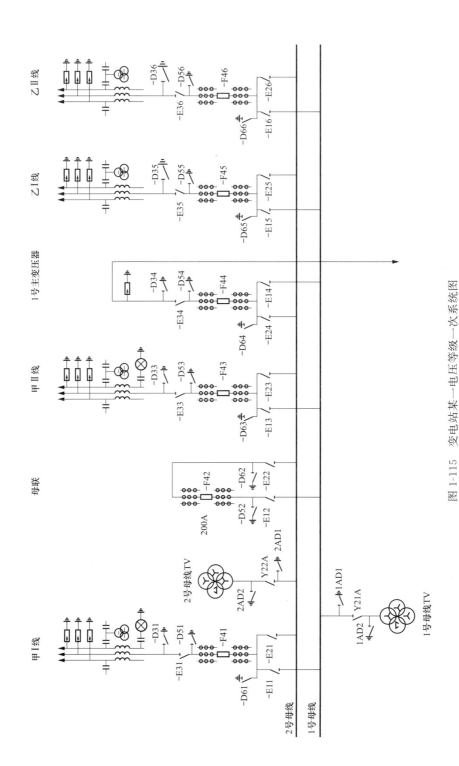

图 1-115　变电站某一电压等级一次系统图

（2）如以 D55 的接地连片位置作为接入点，则可将 E35 分开，这样就不用考虑高压套管拆不拆线的问题了，同时一次回路的构成只需闭合 D55、F45 和 D65 三个开关，从 GIS 内部来看是最近的一条回路。

（3）由（2）的分析可看出，D65 同样具备 D55 的所有优势，同时 D65 还是靠近母线最近的一个，这就意味着这个点离地面最近，所以考虑到一次回路构成的长短，试验接线的方便程度等，一般选择 D65 的接地连片位置作为一次电流信号的接入点。这种方案（方法 1）需要做的技术和安全措施（以下称为措施）如下：

短接该间隔 TA1～TA7 的二次绕组并接地，分开 E15、E25、E35 开关，闭合 D55、F45 和 D65 开关。操作措施完成后形成的试验线路见图 1-117，这里选择 D65 作为接入点还有一个优点，后面介绍。这种方法适用于图 1-115 中每一个间隔中的电流互感器误差试验，具体见图 1-117。

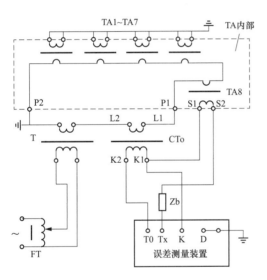

图 1-116 敞开式变电站多铁芯
电流互感器误差检验图

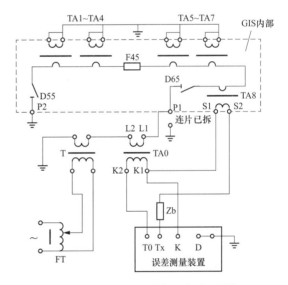

图 1-117 GIS 变电站中用方法 1 进行
电流互感器误差检验图

再看乙Ⅱ线中 0.2S 级电流互感器（TA8）的现场试验，我们可以采用上面提到的方法，但还可以采用另一种较为简便的方法，假设试验设备仍然位于乙Ⅰ线间隔，选择的接入点仍然为 D65 开关，通过开关的操作直接进行乙Ⅱ线中 0.2S 级电流互感器（TA8）的现场试验，具体的措施（方法 2）是：短接乙Ⅱ线间隔 TA1～TA7 的二次绕组并接地，分开 F45、D66、E36 开关，同时要保证母线不能通过所有其他无关的间隔接地，闭合 D65、E25、E26、F46 和 D56 开关。

可见在乙Ⅰ线试验时选择 D65 而不选择 D55 作为接入点的另一个优点是：在对乙Ⅱ线进行试验时不需要同时短接乙Ⅰ线的 TA1～TA8 的二次绕组。用这种方法可大大提高工作效率，减少劳动强度。但有个前提，即电流互感器的额定变比不能太大，由于这种方法是通过母线将一次电流送到相邻的间隔，其回路长度和面积均相应增大，如果额定变比太大，将会需要更大的试验设备容量。根据现场经验，一般用 25～30kVA 的调压和升流设备，可进行 1200A/5A 及以下变比的试验，用此方法可一次做出 3～5 个间隔的互感器误差。如果试验设备的容量再大些或采取比较恰当的无功补偿措施，额定一次电流还可以提高。需要注意的是：

1）一次信号的接入间隔选择要恰当，首先要选择中间的间隔做两边的间隔，例如：图 1-115 中，如果选择 1 号主变压器间隔作为接入间隔，就可以分别做出母联、甲Ⅱ线、乙Ⅰ线、乙Ⅱ线和 1 号主变压器等 5 个间隔的互感器的误差；其次所选择接入间隔的额定一次电流最好不要小于邻近间隔的数值。当然由于升流的过程持续的时间也就 30～40s，所以如果小于邻近间隔的数值，只要相差不大，也是没有问题的。

2）选择 1 号主变压器间隔作为接入间隔，当做完邻近的甲Ⅱ线，在做乙Ⅰ线之前，需确保母线不能通过甲Ⅱ线接地，否则会造成一次回路有分流。

有一些国内 GIS 生产厂家生产的产品，其每一相的接地开关与接地点（外壳）间不是通过一个独立且可拆卸的接地连片，他们是通过在不同部分壳体连接处的连接螺栓（此处的螺栓仅起着紧固的作用，对两边的壳体都是绝缘的）两端跨接短接片达到接地的目的，但由于本应绝缘的连接螺栓常有与外壳间绝缘不好的的现象，容易造成了一次电流回路发生了分流。还有的厂家生产的 GIS 的接地开关在内部就和外壳相连了，外部就没有接地连片，这类情况就没法从接地连片加入电流。

对这类电流互感器的现场试验，一般是直接从一次高压套管加载一次电流信号，具体还是以乙Ⅰ线的试验为例，从高压套管接入的前提是拆除一次高压的引出线，用高压套管的高端作为输入的一端，用套管支架下方的接地端子（一般都有）作为另一端。具体所做的措施（方法 3）为：

短接该间隔 TA1～TA7 的二次绕组并接地，分开 E15、E25、D35、D55 开关，闭合 E35、F45 和 D65 开关，这个一次回路的方案应该是所能采用的最短路径了，对于一次电流较大的间隔，一般每一间隔均采用方法 3 进行试验。方法 3 比较大的弊端在于每一只电流互感器的试验都得有人上高压套管进行拆接一次导线，劳动强度大，效率较低，见图 1-118。

如果一次电流相对较小，比如 1200A 及以下，也可以采用类似方法 2 的办法，以提高效率，仍然选择在乙Ⅰ线间隔对乙Ⅱ线间隔电流互感器进行试验，具体的措施（方法 4）是：短接乙Ⅰ线间隔的电流互感器 TA1～TA8 的二次绕组并接地，短接乙Ⅱ线间隔 TA1～TA7 的二次绕组并接地，分开 D35、D55、D65、D66、E36 开关，同时要保证母线不能通过所有其他无关的间隔接地，闭合 E35、F45、E25、E26、F46、D56 开关。

方法 4 在选择时需要考虑的因素和注意事项可参照方法 2，由于与方法 2 的回路有些不同，这里特别要注意，在对相邻的间隔进行试验时，一定要将乙Ⅰ线间隔的电流互感器 TA1～TA8 的二次绕组并接地。方法 4 特别适合 110kV GIS 变电站中的互感器试验，因为 110kV 站中的一次电流大部分都不大于 1200A，且 110kV A、B、C 三相的出线套管底部均连在了 GIS 的出线壳体（3 相共桶），所以只要爬一次套管，就可以做出 3～5 组互感器的误差，其工作效率甚至不低于方法 2。

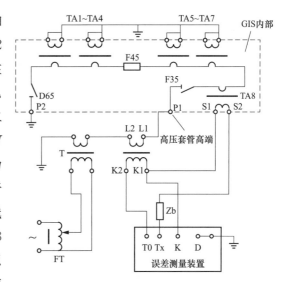

图 1-118　GIS 变电站中用方法 3 进行
电流互感器误差检验图

需要说明的是，以上的针对 GIS 中电流互感器的 4 种试验方法前提是均需要通过接地开关作为闭合回路的一部分，也就是说，要求接地开关具有短时（30～40s）能承受额定一次电流的能力，如果离开了接地开关的辅助，就目前国内的现场试验设备的配置来说，是很难完成试验的，因为只能通过相邻间隔的相同相别的两个高压套管的高端依靠母线构成一次电流回路，这种方案不仅要求一次电流导线足够长，而且由于一次回路的面积很大，一般至少有 30m^2，这样就会给试验设备带来了很大的无功分量，若想把一次电流升到额定值是相当困难的。

电压互感器现场检验

情境描述

本情境包含四项任务，分别是10kV电压互感器（以下简称电压互感器）现场检验工作前的准备、电压互感器现场检验的环境检查和外观检查、电压互感器的绝缘试验、电压互感器的极性检查及基本误差试验。核心知识点是电压互感器基本误差测量原理，关键技能项是电压互感器的基本误差测量。

情境目标

通过本情境学习，应达到以下目标：

（1）知识目标：熟悉电压互感器现场检验前的准备及外观检查的内容和方法，掌握电压互感器绝缘试验测量的要求和方法，掌握电压互感器误差测量和极性判定的工作原理。

（2）能力目标：能够开展电压互感器现场检验前的准备工作，并正确检查电压互感器的外观，具备用绝缘电阻表测量电压互感器的绝缘电阻值的能力，能够利用互感器校验仪开展极性判定并利用试验线路开展误差测量。

（3）素质目标：牢固树立电压互感器现场检验过程中的安全风险防范意识，严格按照标准化作业流程进行试验操作，工作过程严谨认真，坚持公平、公正、公开的原则，培养敬业守信、精益求精的职业精神。

任务一　电压互感器现场检验工作前的准备

任务目标

掌握电压互感器现场检验工作的劳动组织及人员要求；能够做好试验设备、工器具的检查与准备工作；更加明确检测工作的程序及其要求；掌握工作中主要危险点分析及预防控制措施；培养敬业守信、精益求精的职业精神。

任务描述

根据被测对象，做好试验前的人员准备、设备准备、工器具准备等，结合现场作业特点，做好工作中主要危险点分析及预防控制措施。

知识准备

一、检验的参比条件要求

检验的参比条件要求，见表 2-1。

表 2-1 电压互感器检验的参比条件要求

环境温度[①]	相对湿度	电源频率	二次负荷[②]	电源波形畸变系数	环境电磁场干扰强度	外绝缘
−25～40℃	≤80%	50Hz±0.5Hz	额定负荷～下限负荷	≤5%	不大于正常工作接线所产生的电磁场	清洁、干燥

① 当电力电压互感器技术条件规定的环境温度与 −25～40℃ 范围不一致时，以技术条件规定的环境温度为参比环境温度。
② 除非用户有要求，电压互感器的下限负荷按 2.5VA 选取，电压互感器有多个二次绕组时，下限负荷分配给被检二次绕组，其他二次绕组空载。

二、检定项目

根据 JJG 1189.4《测量用互感器 第 4 部分：电力电压互感器检定规程》规定的电力电压互感器的检定项目见表 2-2。

表 2-2 电力电压互感器检定项目

检定项目 ＼ 检定类别	首次检定	后续检定	使用中检验
外观及标志检查	＋	＋	＋
绝缘电阻	＋	＋	－
绕组极性检查	＋	－	－
基本误差测量	＋	＋	＋
稳定性试验	－	＋	＋

注 表中符号"＋"表示必检项目，符号"－"表示可不检项目。

人员准备

一、劳动组织

电压互感器现场检验工作所需人员类别、职责和数量，见表 2-3。

表 2-3 劳 动 组 织

序号	人员类别	职责	人数
1	工作负责人	1）正确安全的组织工作。 2）负责检查工作票所列安全措施是否正确完备、是否符合现场实际条件，必要时予以补充。 3）工作前对班组成员进行危险点告知。	1人

续表

序号	人员类别	职责	人数
1	工作负责人	4) 严格执行工作票所列安全措施。 5) 督促、监护工作班成员遵守电力安全工作规程，正确使用劳动防护用品和执行现场安全措施。 6) 确认工作班成员精神状态是否良好，变动是否合适。 7) 交代作业任务及作业范围，掌控作业进度，完成作业任务。 8) 监督工作过程，保障作业质量	1人
2	专责监护人	1) 明确被监护人员和监护范围。 2) 作业前对被监护人员交代安全措施，告知危险点和安全注意事项。 3) 监督被监护人遵守安规和现场安全措施，及时纠正不安全行为。 4) 负责所监护范围的工作质量	1人
3	工作班成员	1) 熟悉工作内容、作业流程，掌握安全措施，明确工作中的危险点，并履行确认手续。 2) 严格遵守安全规章制度、技术规程和劳动纪律，对自己工作中的行为负责，互相关心工作安全，并监督安规的执行和现场安全措施的实施。 3) 正确使用安全工器具和劳动防护用品。 4) 完成工作负责人安排的作业任务并保障作业质量	根据作业内容与现场情况确定，不少于2人

二、人员要求

工作人员的身体、精神状态，工作人员的资格包括作业技能、安全和特殊工种资质等，具体要求见表2-4。

表 2-4 **人 员 要 求**

序号	内容
1	经医师鉴定，无妨碍工作的病症（体格检查每两年至少一次）；身体状态、精神状态应良好
2	具备必要的电气知识和业务技能，且按工作性质，熟悉电力安全工作规程的相关部分，并应经考试合格
3	具备必要的安全生产知识，学会紧急救护法，特别要学会触电急救
4	熟悉《电压互感器现场检验标准化作业指导书》，并经岗位技能培训、考试合格
5	开展检定工作的工作负责人和检定人员应持有效期内的计量检定员证（电能表/互感器），或注册计量师资格证书（电能表/互感器）；计量专业项目考核合格证明（电能表/互感器），或质量技术监督部门颁发的电能表/互感器的《注册计量师注册证》，或取得相关部门的电能表/互感器专业培训证明
6	工作人员必须经公司供电服务规范培训，掌握与用户沟通、服务技巧
7	新参加电气工作的人员、实习人员和临时参加劳动的人员（管理人员、非全日制用工等），应经过安全生产知识教育且考核合格后，方可下现场参加指定的工作，并且不得单独工作

主要危险点预防控制措施

电压互感器现场检验的危险点及预防控制措施，见表2-5。

表 2-5 **危险点分析及预防控制措施**

序号	防范类型	危险点	预防控制措施
1	人身伤害或触电	误碰带电设备	1) 在电气设备上作业时，应将未经验电的设备视为带电设备。

序号	防范类型	危险点	预防控制措施
1	人身伤害或触电	误碰带电设备	2）在高、低压设备上工作，应至少由两人进行，并完成保证安全的组织措施和技术措施。 3）工作人员应正确使用合格的安全绝缘工器具和个人劳动防护用品。 4）高、低压设备应根据工作票所列安全要求，落实安全措施。涉及停电作业的应实施停电、验电、挂接地线、悬挂标示牌后方可工作。工作负责人应会同工作票许可人确认停电范围、断开点、接地、标示牌正确无误。工作负责人在作业前应要求工作票许可人当面验电；必要时工作负责人还可使用自带验电器（笔）重复验电。 5）工作票许可人应指明作业现场周围的带电部位，工作负责人确认无倒送电的可能。 6）应在作业现场装设临时遮拦，将作业点与邻近带电间隔或带电部位隔离。作业中应保持与带电设备的安全距离。 7）严禁工作人员未履行工作许可手续擅自开启电气设备柜门或操作电气设备。 8）严禁在未采取任何监护措施和保护措施情况下现场作业
		走错工作位置或误碰带电部位	1）工作负责人对工作班成员应进行安全教育，作业前对工作班成员进行危险点告知，明确指明带电设备位置，交代工作地点及周围的带电部位及安全措施和技术措施，并履行确认手续。 2）核对工作票、工作任务单与现场信息是否一致。 3）在工作地点设置"在此工作！"的标示牌
		附近有带电运行设备时，遭高压感应电电击	1）接一次试验导线前，被试电压互感器高压侧应接地。 2）工作人员在接、拆一次试验导线时，必须戴绝缘手套，穿绝缘鞋。 3）被试互感器接地点应可靠接地。 4）工作负责人检查各方面电源有明显断开点并可靠接地，在隔离开关操作把手上悬挂"禁止合闸、有人工作"标示牌
		短路或接地	1）工作中使用的工具，其外裸的导电部位应采取绝缘措施，防止操作时相间或相对地短路。 2）工作班成员应正确佩戴和穿着安全帽、长袖工作服、手套、绝缘鞋等劳动保护用品，正确使用安全工器具
		检验设备操作人员触电	检验设备操作人员应站在绝缘垫上进行检验作业
		使用临时电源不当	1）接取临时电源时安排专人监护。 2）检查接入电源的线缆有无破损，连接是否可靠。 3）检查电源盘漏电保护器工作是否正常
		互感器现场检测设备金属外壳接地不良而引起触电	1）检测设备金属外壳应可靠接地。 2）检测仪器与设备的接线应牢固可靠
		互感器现场检测电压互感器检测后未放电引起电击	测试前和测试后电压互感器都必须用专用放电棒放电
		检测后未断开电源开关或加压设备未回零而引起触电	1）检测装置的电源开关，应使用具有明显断开点的双极闸刀，并有可靠的过载保护装置。 2）变更接线或检测结束时，应首先将加压设备的调压器回零
		互感器现场检测升压过程不呼唱而引起触电	1）检测过程应有人呼唱并监护。 2）检测人员在检测过程中注意力应高度集中，防止异常情况的发生

序号	防范类型	危险点	预防控制措施
1	人身伤害或触电	互感器现场检测安全距离不够而引起触电	根据带电设备的电压等级，检测人员应注意保持与带电体的安全距离不小于相关电力安全工作规程中规定的距离
		互感器现场检测、非检测人员误入检测现场触电	检测现场应设设遮拦或围栏，悬挂"止步，高压危险！"的标示牌，并有专人监护，严禁非检测人员进入检测场地
		互感器现场检测不穿戴或不正确穿戴安全帽、绝缘鞋、工作服而引起人员伤害事故	检测现场必须戴安全帽，穿绝缘鞋，穿工作服
		设备吊装时发生人员或设备碰擦	设备吊装需派专人监护，且吊装时作业人员不得站在下方
2	高空坠落、坠物伤害	使用不合格登高用安全工器具	按规定对各类登高用工器具进行定期试验和检查，确保使用合格的工器具
		梯子使用不当	1) 使用前检查梯子的外观，以及编号、检验合格标识，确认符合安全要求。 2) 应派专人扶持，防止梯子滑动。 3) 梯子应有防滑措施，使用单梯工作时，梯子与地面的夹角应为 65°～75°，梯子不得绑接使用，人字梯应有限制开度的措施，人在梯子上时，禁止移动梯子。 4) 高处作业上下传递物品，不得投掷，必须使用工具袋并通过绳索传递，防止从高空坠落发生事故
3	设备损坏	接线时压接不牢固、接线错误导致设备损坏	加强监护、检查
		现场检验中电压互感器二次短路	严格执行监护制度，确认后规范接线；一旦发现任何隐患，立即停止试验检查原因
		试验电压过高导致设备或被试电压互感器损坏	升压过程应呼唱，工作人员在检测过程中注意力应高度集中，观察检定装置和被试电压互感器状况，防止过电压情况发生

任务实施

一、接受任务

负责人根据工作任务通知单，确定现场检验工作地点和工作内容。

二、现场勘查

会同客户进行现场勘查，主要查看互感器是否安装到位、现场工况是否满足试验要求。勘察时特别注意危险点的分析，并做好预控措施，并填写现场勘查记录表，如图 2-1 所示。主要包括以下内容：

（1）查勘时必须核实设备运行状态，严禁工作人员未履行工作许可手续擅自开启电气设备柜门或操作电气设备。

（2）在带电设备上查勘时，不得开启电气设备柜门或操作电气设备，查勘过程中应始终与设备保持足够的安全距离。

（3）因勘查工作需要开启电气设备柜门或操作电气设备时，应执行工作票制度，将需要勘查设备范围停电、验电、挂地线、设置安全围栏并悬挂标示牌后，经履行工作许可手续，方可进行开启电气设备柜门或操作电气设备等工作。

（4）进入带电现场工作，至少由两人进行，应严格执行工作监护制度。

（5）工作人员应正确使用合格的个人劳动防护用品。

（6）严禁在未采取任何监护措施和保护措施情况下现场作业。

（7）当打开计量箱（柜）门进行检查或操作时，应采取有效措施对箱（柜）门进行固定，防范由于刮风或触碰造成柜门异常关闭而导致事故。

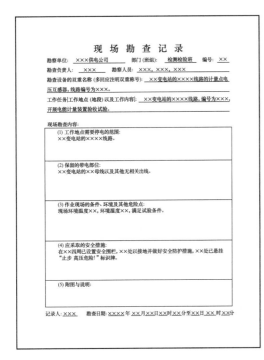

图 2-1　现场勘查记录表

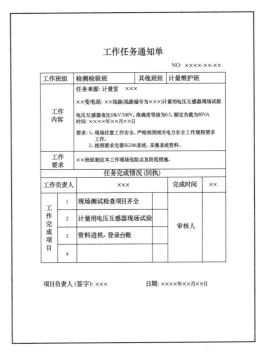

图 2-2　工作任务通知单

三、工作前准备

（一）工作预约

提前联系客户或厂站管理方，核对被试电压互感器型式和参数，了解电压互感器安装位置，约定现场检验时间。

（二）打印工作任务单

打印工作任务单，如图 2-2 所示，同时核对计量设备技术参数与相关资料。

（三）办理工作票签发

（1）依据工作任务填写工作票。

（2）办理工作票签发手续。在客户电气设备上工作时应由供电公司与客户方进行双签发。供电方安全负责人对工作的必要性和安全性、工作票上安全措施的正确性、所安排工作负责人和工作人员是否合适等内容负责。客户方工作票签发人对工作的必要性和安全性、工作票上安全措施的正确性等内容审核确认，根据工作性质，应办理变电或配电第一种工作票，如图 2-3 所示。

变电第一种工作票

单位 ××供电公司　　　　编号×××××××

1.工作负责人(监护人)　××××　　　　班组　检验检测班组

2.工作班人员(不包括工作负责人)

××、××××、××××、×××等共 4 人。

3.工作的变、配电站名称

××变电站××线路(线路编号为×××)计量用电压互感器现场试验

4.工作任务

工作地点及设备双重名称	工作内容
××变电站的××××线路(线路编号为×××)的计量点电压互感器	计量用电压互感器现场试验

5.计划工作时间：自××××年 ×× 月 ×× 日 ×× 时 ×× 分

至××××年 ×× 月 ×× 日 ×× 时 ×× 分

6.安全措施(必要时可附页绘图说明)

应拉断路器(开关)、隔离开关(刀闸)	已执行*
已断开××号断路器(开关)	已执行
应装接地线、应合接地开关(注明确定地点、名称及接地线编号*)	已执行
已装设××号接地线	已执行
应设遮拦、应挂标示牌及防止二次回路误碰等措施	已执行
已设置××号安全遮拦	已执行

* 已执行栏目及接地线编号由工作许可人填写。

工作地点保留带电部分或注意事项(由工作票签发人填写)	补充工作地点保留带电部分和安全措施(由工作许可人填写)
××线路已停电	1.严格按照作业指导书操作
1.着装规范：穿工作服、绝缘鞋，戴安全帽、线手套	2.加强监护，做到"四不伤害"
2.操作过程中严禁TV二次回路短路	3.带电区域四周，已设置安全围栏，出、入人员要走指定通道
3.工作时使用合格的工器具	
4.保持与带电部位足够的安全距离	

工作票签发人签名 ×××　签发日期：××××年××月××日××时××分

7.　收到工作票时间 ××××年××月××日××时××分

运维人员签名 ×××　　　　工作负责人签名 ×××

8. 确认本工作票1~7项

工作负责人签名 ________　　工作许可人签名________

许可开始工作时间：______年______月______日______时____分

9. 确认工作负责人布置的工作任务和安全措施

工作班组人员签名：详见《安全措施确认签字表》

10. 工作负责人变动情况

原工作负责人__________离去，变更 ______为工作负责人

工作票签发人_________　______年____月____日___时___分

11. 工作人员变动情况(变动人员姓名，日期及时间)：

工作负责人签名 __________

12. 工作票延期

有效期延长到________年______月_______日 ______时____分

工作负责人签名______ ______年______月___日____时____分

工作许可人签名______ ______年______月_____日______时_____分

13. 每日开工和收工时间(使用一天的工作票不必填写)

收工时间				工作负责人	工作许可人	开工时间				工作许可人	工作负责人
月	日	时	分			月	日	时	分		

14. 工作终结

全部工作于_________年________月_______日______时______分结束，设备及安全措施已恢复至开工前状态，工作人员已全部撤离，材料工具已清理完毕，工作已终结。

工作负责人签名__________　工作许可人签名____________

15. 工作票终结

临时遮拦、标示牌已拆除，常设遮拦已恢复。未拆除或未拉开的接地线编号_____等共____组、接地开关(小车)共____副(台)，已汇报调度值班员。

工作许可人签名 ________　______年____月___日___时____分

16. 备注

(1) 指定专责监护人__________负责监护______________(地点及具体工作)

(2) 其他事项：______________________

图 2-3　电压互感器现场检验变电第一种工作票签发

(四)领取材料

凭工作单领取相应材料及封印等，并核对所领取的材料是否符合工作单要求。

1. 检验所需导线

材料要求：两端带固定叉口接头(插头尺寸：外径 12mm，内径 8mm。厚度 0.8mm)试验二次导线，具体见表 2-6。

表 2-6　　检验所需材料及要求

序号	材料名称(多股绝缘铜导线)	规格(mm^2)	单位	长度(m)	颜色	数量	备注	√
1	输出电源线	6	根	6	红、黑	2		
2	电压供电线	4	根	6	红、黑	2		
3	测差线	4	根	6	黄、绿	2	K、D线	
4	负载线	4	根	6	2红、2黑	4		
5	对接线	4	根	1.5	红	1		
6	输入电源线	6	根	1	红、黑	2		
7	接地线	4	根	6	黑	1		
8	一次电压导线	2.5	根	0.8	黑	1		

2. 技术资料

主要包括现场使用所需的检定规程、图纸、使用说明书、试验记录等，见表2-7。

表2-7 技 术 资 料

序号	名称	备注
1	一次系统图	一次设备布置、带电间隔
2	被试电压互感器相关设计图纸以及认可实验室试验报告资料	二次端子位置等
3	被试互感器历次检验记录	周检作业时
4	JJG 1189.4	检定规程
5	检验装置说明书	

（五）检查试验设备

检查试验设备是否符合检验要求，工作是否正常，具体包括标准电压互感器、升压器、互感器校验仪、电压负载箱、调压器、接地线车等，详细功能及要求见相应任务描述。

（六）检查工器具

选用合格的安全工器具，检查工器具应完好、齐备，电压互感器检验用工器具的要求见表2-8。

表2-8 工 器 具 及 要 求

工器具准备序号	工器具名称	规格	单位	数量	备注	√
1	十字螺钉旋具	1号×100mm	把	1		
		2号×150mm	把	1		
2	一字螺钉旋具	5×100mm	把	1		
		6.5×150mm	把	1		
3	钢丝钳	84—112	把	1		
4	尖嘴钳	84—101	把	1		
5	斜嘴钳	84—108	把	1		
6	活动扳手	87—431	把	1		
7	放电棒	35kV	把	1		
8	接地盘		把	1		
9	高压验电器	10kV	把	1		

（七）检查确认试验外部条件

（1）被试电压互感器一次侧与其他高压设备应有明显断开点（一次引线已拆除并可靠绑定），安全距离应符合电力安全工作规程规定。

（2）试验前应对被试电压互感器放电。

四、现场开工

（一）办理工作票许可

（1）告知用户或厂站有关人员，说明工作内容。

（2）办理工作票许可手续。在客户电气设备上工作时应由供电公司与客户方进行双许可，双方在工作票上签字确认。客户方由具备资质的电气工作人员许可，并对工作票中安全措施的正确性、完备性，现场安全措施的完善性以及现场停电设备有无突然来电的危险负责。

（3）会同工作许可人检查现场的安全措施是否到位，检查危险点预控措施是否落实，如图 2-4 所示。

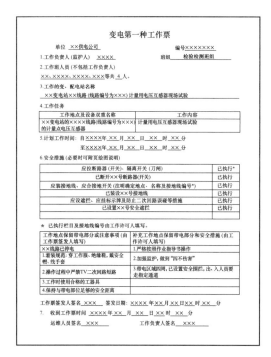
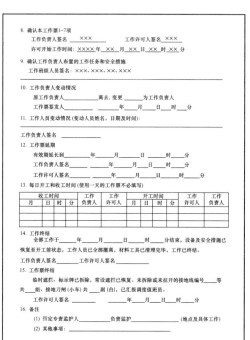

图 2-4　电压互感器现场检验变电第一种工作票许可

（二）检查确认安全技术措施

（1）高、低压设备应根据工作票所列安全要求，落实安全措施。涉及停电作业的应实施停电、验电、挂接地线或合上接地开关、悬挂标示牌后方可工作。工作负责人应会同工作票许可人确认停电范围、断开点、接地、标示牌正确无误。工作负责人在作业前应要求工作票许可人当面验电；必要时工作负责人还可使用自带验电器（笔）重复验电。

（2）应在作业现场装设临时遮拦，将作业点与邻近带电间隔或带电部位隔离。工作中应保持与带电设备的安全距离。

（3）电压互感器二次有关保护回路应退出。

（三）班前会

（1）交代工作内容、人员分工、带电部位和现场安全措施，进行危险点告知和技术交底，并履行确认手续。

（2）检查工作班成员安全防护措施、人员精神状态是否良好，工作人员应穿长袖棉质工作服、绝缘鞋，戴安全帽、绝缘手套。如图 2-5 所示。

班 前 会 记 录

日期：××××年××月××日　　星期：××

班级名称	××班组	开展项目	电压互感器现场检验
工作负责人	×××	工作班成员	××,×××,×××,×××,
班前准备工作	√□	×□	执行人签名
1.检查检验设备设施、工器具、材料等物品合格	☑	□	×××
2.检查安全工器具和劳动防护用品合格	☑	□	
3.检查现场环境整洁，安全措施正确，具备作业条件	☑	□	
4.应具备的教学、安全管理资料准备到位，应填写内容正确	☑	□	
5.其他	☑	□	
班前会时间	××时××分××至××时××分		
班前会内容	√□	×□	执行人签名
1.班组人员点名，应到人数：×　实到人数：×　缺勤人数：0人	☑	□	×××
2.介绍试验任务、监护指导分工和安全风险预控措施	☑	□	
3.确定工作班成员身体健康良好，适应当日工作	☑	□	
4.讲解着装及装束要求，并进行互查合格	☑	□	
5.讲解并检查正确安全帽佩戴	☑	□	
6.交待手机、杯子等定置管理要求	☑	□	
7.正确使用实训设备、仪器、仪表等工器具	☑	□	
8.试验安全注意事项和行为规范	☑	□	
9.现场周围环境及应急逃生措施	☑	□	
10.其他	☑	□	
班前会内容交底签字	×××，×××，××，×××		

注：班前会每日进行，并及时填写。

图 2-5　电压互感器现场检验班前会记录

（四）资料核对

（1）在现场应先核对工作对象、工作范围、工作内容是否相符，并对电压互感器参数资料进行核对，包括被检互感器变比、容量、二次回路等。

（2）互感器参数资料应准确无误，如工单内信息与现场不一致应做好记录，查明原因，做好相关信息更正维护。

思政小知识

原厂址在××区××庄的某衡器制造公司，2011 年上半年取得了生产许可证，2012 年 4 月又搬迁至另一区域，但未申请变更，涉嫌未取得制造计量器具许可证擅自制造计量器具。

对该公司的违法行为，质监部门责令停止生产，并没收违法所得 2 万元。本案提醒已经取得制造计量器具许可证的经营业主注意：一旦厂址搬迁或生产条件发生变化，即使在有效期内，也应重新申请办理制造许可证。

任务评价

电压互感器现场检验工作前的准备评价表见表 2-9。

表 2-9   电压互感器现场检验工作前的准备评价表

姓名		学号					
序号	评分项目	评分内容及要求	评分标准	扣分	得分	备注	
1	预备工作 （10分）	1）安全着装。 2）工器具检查	1）未按照规定着装，每处扣1分。 2）工器具选择错误，每次扣2分；未检查扣1分。 3）其他不符合条件，酌情扣分				
2	办理工作票许可 （20分）	1）告知用户或厂站有关人员，说明工作内容。 2）办理工作票许可手续。 3）会同工作许可人检查现场的安全措施是否到位，检查危险点预控措施是否落实	1）未告知用户或厂站有关人员，说明工作内容，扣5分。 2）未办理工作票许可手续，且未导致严重后果的，扣10分。 3）未会同工作许可人检查现场的安全措施是否到位，检查危险点预控措施是否落实，扣5分				
3	检查确认安全技术措施 （25分）	1）高、低压设备应根据工作票所列安全要求，落实安全措施。 2）应在作业现场装设临时遮拦	1）高、低压设备应根据工作票所列安全要求，未落实安全措施，扣10分。 2）没有在作业现场装设临时遮拦，扣5分。 3）有其他技术应落实的措施未落实，每项扣5分				
4	班前会 （20分）	1）交代工作内容、人员分工、带电部位和现场安全措施。 2）进行危险点告知和技术交底，并履行确认手续。 3）检查工作班成员安全防护措施。 4）检查着装是否规范、个人防护用品是否合格齐备、人员精神状态是否良好	1）未交代或交代工作内容、人员分工、带电部位和现场安全措施不清楚，每项扣5分。 2）未进行危险点告知和技术交底，并履行确认手续，扣5分。 3）检查工作班成员安全防护措施不仔细，未造成后果扣5分				
5	资料核对 （15分）	1）在现场应先核对工作对象、工作范围、工作内容是否相符。 2）并对互感器参数资料进行核对。 3）互感器参数资料应准确无误	1）未核对工作对象、工作范围、工作内容是否相符的，扣5分。 2）未并对互感器参数资料进行核对，扣5分。 3）核对互感器参数资料出现错误，未造成严重后果的，扣5分。 4）未检查人员着装、个人防护用品、精神状况，每项扣5分				
6	综合素质 （10分）	1）着装整齐，精神饱满。 2）现场组织有序，工作人员之间配合良好。 3）独立完成相关工作。 4）执行工作任务时，大声呼唱。 5）不违反电力安全规定及相关规程					
7	总分 （100分）						
		试验开始时间　　　　时　　　分 试验结束时间　　　　时　　　分		用时：　　　分			
教师							

任务拓展

电压互感器误差定义：电力系统中使用的电压互感器起着高压隔离和按比率进行电流电压变换作用，给电气测量、电能计量、自动装置提供与一次回路有准确比例的电压信号。电磁式电压互感器是利用电磁感应原理，把一次绕组的和电压传递到电气上隔离的二次绕组。电容式电压互感器则通过电容分压器把一次侧的高电压降低为中压，通过电抗器补偿容性内阻压降后经中压变压器传递到二次侧。

电压互感器的电压误差（比值差）f_U 按下式定义：

$$f_U = \frac{K_U U_2 - U_1}{U_1} \times 100\%$$

式中　K_U——电压互感器的额定电压比；

　　　U_1——一次电压有效值；

　　　U_2——二次电压有效值。

电压互感器的相位误差 δ_U 定义：一次电压相量与二次电压相量的相位差，单位为"′"。相量方向以理想电压互感器的相位差为零来决定，当二次电压相量超前一次电压相量时，相位差为正，反之为负。

任务二　电压互感器现场检验的环境检查及外观检查

任务目标

掌握电压互感器现场检验的环境要求，能够开展电压互感器外观检查的操作。

任务描述

学会如何根据规程的要求，做好对环境的检测和判断，学会如何根据外观所看到的信息，判断电压互感器是否有影响正常运行的缺陷。

场地准备

（1）具备能满足电压互感器现场试验要求的试验场地。

（2）电压互感器现场检验的环境条件要求如下：

1）环境温度：$-25 \sim 40℃$，相对湿度不大于 80%。

2）环境电磁场干扰引起标准器的误差变化不大于被检互感器基本误差限值的 1/20，检验接线引起的被检互感器误差变化不大于被检互感器基本误差限值的 1/10。

主要危险点预防控制措施

（1）防止开关故障或用户倒送电造成人身触电。

（2）断开开关后，在隔离开关操作把手上均应悬挂"禁止合闸，有人工作！"的标示牌。

（3）查看设备铭牌信息如需要登高作业，应使用合格的登高用安全工具。

（4）绝缘梯使用前检查外观，以及编号、检验合格标识，确认符合安全要求。

（5）登高使用绝缘梯时应设置专人监护。

（6）梯子应有防滑措施，使用单梯工作时，梯子与地面的夹角应为 $65°\sim75°$，梯子不得绑接使用，人字梯应有限制开度的措施，人在梯子上时，禁止移动梯子。

（7）梯上高处作业应系上安全带，防止高空坠落。

（8）加强监护，避免误入带电间隔。

（9）穿绝缘靴、棉质长袖工作服、戴好安全帽和绝缘手套。

（10）工作前应先验电。

（11）使用相应电压等级、合格的验电器，高压验电应戴绝缘手套、穿绝缘靴。

任务实施

一、环境条件检查

根据 JJG 1189.4 的要求，环境气温应介于 $-25\sim40℃$，相对湿度不大于 80%。此时需要我们用温湿度计（见图 2-6）监测现场试验环境并记录在电压互感器现场检验原始记录表上，如图 2-7 所示。

图 2-6 温湿度显示

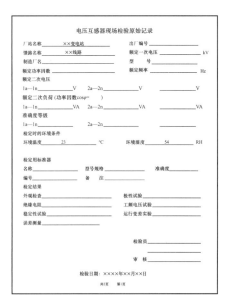

图 2-7 环境条件检查记录

二、断开电源并验电

（1）核对作业间隔。

（2）使用验电器对计量柜（箱）金属裸露部分进行验电。

（3）确认电源进、出线方向，断开进、出线开关，且能观察到明显断开点。

（4）使用验电器再次进行验电，确认互感器一次进出线等部位均无电压后，装设接地线。

三、外观及标志检查

铭牌上应有产品编号，出厂日期，接线图或接线方式说明，有额定电压比，准确度等级等明显标志。一次和二次接线端子上应有电压接线符号标志，接地端子上应有接地标志。

图2-8为被试电压互感器的铭牌，1a~1n绕组的准确度等级是0.5级，额定容量为80VA，试验时的默认额定功率因数为0.8。通过测量发现，在该互感器中，这个2a~2n不是独立的二次绕组，而是从1a~1n中抽出的仪表检测绕组，铭牌显示这台电压互感器一次电压是10000V，二次电压是100V。

如有下列缺陷之一者，需修复后方予检验：

（1）外观损伤，绝缘套管不清洁。对油浸式，油标指示位置不合乎规定；对环氧树脂式，有裂痕；对SF_6式，气压表值不满足规定要求。

电压互感器的外观应完好无损，干净整洁，我国的10kV和35kV电力系统是中性点绝缘系统或中性点非有效接地系统，计量用电压互感器通常用两台接在相间，一般称为V-V接法。

图2-9是本次的被测对象，即10kV不接地型电压互感器外观图，其一次绕组的高端用"A"标识，一次绕组的低端用"N"标识。

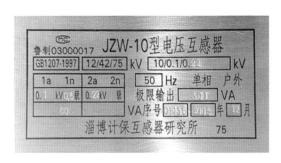

图2-8　不接地电压互感器铭牌

图2-9　被试不接地电压互感器

（2）无铭牌或铭牌标志不完整。接线端钮缺少、损坏或无标记。电压互感器的接线端钮应完好，图2-10被试电压互感器的二次端子图，图中显示有三个绕组，分别是1a~

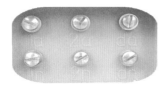

图 2-10 不接地电压互感器二次端子

1n、2a～2n 和 da～dn，其中和 da～dn 为剩余绕组。

（3）严重影响测试工作进行的其他缺陷。根据被试品的铭牌，将信息依次填写在原始记录表上，如图 2-11 所示。

如被试品外观无异常，没有影响现场检验的缺陷，则填写“合格”。图 2-12 为外观检查原始记录填写格式。

电压互感器现场检验原始记录

厂站名称 ××变电站　　出厂编号 ××××
馈路名称 ××线　　额定一次电压 10 kV
制造厂名 ××电气有限公司　　型　号 JZW-10
额定功率因数 0.8　　额定频率 50 Hz
额定二次电压
1a—1n 100 V　　2a—2n / V　　/ V
额定二次负荷（功率因数cosϕ= 0.8）
1a—1n 80 VA　　2a—2n / VA　　/ VA
准确度等级
1a—1n 0.5　　2a—2n　　/
检定时的环境条件
环境温度 23 ℃　　环境湿度 54 RH

检定用标准器
名称 干式自升压组合式精密电压互感器　型号规格 HJ-S10G1　准确度 0.01
编号 KF10145　　备　注
检定结果
外观检查　　极性试验
绝缘电阻　　工频电压试验
稳定性试验　　运行变差实验
误差测量

检验员
审　核

检验日期：××××年××月××日

共2页　第1页

图 2-11 被试品和标准器的铭牌信息填写

电压互感器现场检验原始记录

厂站名称 ××变电站　　出厂编号 ××××
馈路名称 ××线　　额定一次电压 10 kV
制造厂名 ××电气有限公司　　型　号 JZW-10
额定功率因数 0.8　　额定频率 50 Hz
额定二次电压
1a—1n 100 V　　2a—2n / V　　/ V
额定二次负荷（功率因数cosϕ= 0.8）
1a—1n 80 VA　　2a—2n / VA　　/ VA
准确度等级
1a—1n 0.5　　2a—2n　　/
检定时的环境条件
环境温度 23 ℃　　环境湿度 54 RH

检定用标准器
名称 干式自升压组合式精密电压互感器　型号规格 HJ-S10G1　准确度 0.01
编号 KF10145　　备　注
检定结果
外观检查 合格　　极性试验
绝缘电阻　　工频电压试验
稳定性试验　　运行变差实验
误差测量

检验员
审　核

检验日期：××××年××月××日

共2页　第1页

图 2-12 外观检查原始记录填写

思政小知识

唐朝诗人李白小时候不喜欢读书。一天，趁老师不在屋，他悄悄溜出门去玩。他来到山下小河边，见到一位老婆婆在石头上磨一根铁杵。李白很纳闷，上前问：“老婆婆，您磨铁杵做什么？”老婆婆说：“我在磨针。”李白吃惊地问：“哎呀！铁杵这么粗大，怎么能磨成针呢？”老婆婆笑呵呵地说：“只要天天磨，铁杵就能越磨越细，还怕磨不成针吗？”

李白听后，想到自己，心中惭愧，转身跑回了书屋。从此，他牢记“只要功夫深，铁杵磨成针”的道理，发愤读书，终于成为了一位伟大的诗人，并被称为“诗仙”。

任务评价

电压互感器现场检验的环境检查及外观检查评价表见表 2-10。

表 2-10　　　　　　　　电压互感器现场检验的环境检查及外观检查评价表

姓名		学号					
序号	评分项目	评分内容及要求	评分标准	扣分	得分	备注
1	预备工作 （10分）	1）安全着装。 2）工器具检查	1）未按照规定着装，每处扣1分。 2）工器具选择错误，每次扣2分；未检查扣1分。 3）其他不符合条件，酌情扣分			
2	班前会 （25分）	1）交代工作任务及任务分配。 2）危险点分析。 3）预控措施	1）未交代工作任务，扣5分/次。 2）未进行人员分工，扣5分/次。 3）未交代危险点，扣5分；交代不全，酌情扣分。 4）未交代预控措施，扣5分。 5）其他不符合条件，酌情扣分			
3	验电 （20分）	1）核对作业间隔。 2）使用验电器对计量柜（箱）金属裸露部分进行验电。 3）能观察到明显断开点。 4）使用验电再次进行验电	1）未核对作业间隔，扣5分。 2）未使用验电器对计量柜（箱）金属裸露部分进行验电，扣5分。 3）未能观察是否有明显断开点，扣5分。 4）未使用验电器再次进行验电，扣5分			
4	设置安全措施及温湿度计 （15分）	1）安全围栏。 2）检查环境	1）未检查安全围栏设置情况，扣5分，设置不正确，扣3分。 2）检验前未检查环境条件扣5分。 3）其他不符合条件，酌情扣分			
5	外观检查 （15分）	全面检查互感器外观	被试品检查不充分，每处扣3分。			
6	整理现场 （5分）	恢复到初始状态	1）未整理现场，扣5分。 2）现场有遗漏，每处扣1分。 3）离开现场前未检查，扣2分。 4）其他情况，请酌情扣分			
7	综合素质 （10分）	1）着装整齐，精神饱满。 2）现场组织有序，工作人员之间配合良好。 3）独立完成相关工作。 4）执行工作任务时，大声呼唱。 5）不违反电力安全规定及相关规程				
8	总分 （100分）					
		试验开始时间　　时　　分 试验结束时间　　时　　分		用时：　　分		
	教师					

山东电力高等专科学校教学改革系列教材
电力互感器现场检验 实训教材

任务拓展

其他类型电压互感器介绍：接地型电压互感器。

中性点不接地电力系统的优点是当系统发生单相接地时仍然可以运行。但是不接地电压互感器由于不接地，不能发出接地故障信号。因此中性点不接地电力系统除了装有V接线的二台电压互感器外，还必须另外接入三台接地电压互感器，按星形联结。

这三台电压互感器可以是单相型，也可以是组合型，组合型一般设计为三相五柱结构，它中间的三个芯柱流过三相主磁通，两侧的铁轭供零序磁通流通。

图 2-13 为试验过程中的被测接地电压互感器（又称半绝缘），看看一次绕组端子标识，这里的一次绕组的高端用"A"标识，一次绕组的低端用"N"标识。图 2-14 是其二次端子特写图，图中可见其有三个二次绕组。在这台互感器中，2a～2n 绕组与 1a～1n 绕组是独立的两个绕组，它们共用同一个铁芯，故在测量 1a～1n 的误差时，需要考虑它的存在，da～dn 为剩余绕组，图 2-15 为被试电压互感器的铭牌，铭牌上看到这台电压互感器一次电压是 $10000/\sqrt{3}$ V，二次电压是 $100/\sqrt{3}$ V。

图 2-13　被试接地电压互感器

图 2-14　被试接地电压互感器特写图

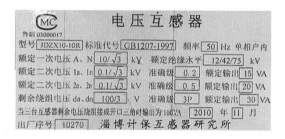

图 2-15　被试接地电压互感器铭牌

需要注意的是，此处的二次绕组为三个独立的绕组，这里的 da～dn 是剩余绕组，运行时三相剩余绕组接成开口三角，用于给保护装置提供信号，所以对每一相来说，该绕组在正常运行时是不带负载的。

任务三　电压互感器的绝缘试验

任务目标

熟悉电压互感器绝缘电阻试验准备及要求，重点掌握绝缘电阻试验流程。熟悉电压互感器工频耐压试验准备及要求；掌握电压互感器工频耐压试验的试验方法；掌握主要危险点预防控制措施。

任务描述

本任务主要开展电压互感器绝缘电阻的测量和工频耐压试验（根据 JJG 1189.4 规定，工频耐压试验已不属于电力电压互感器检定的内容，学习者可以根据需要选做），还包括学习对试验结果合格与否的判定，同时学会对本次试验过程中的主要危险点分析及预防控制措施。

知识准备

一、测试的标准和要求

测试的标准应符合 JJG 1189.4 对绝缘电阻测试技术要求。工作标准应符合 Q/GDW/ZY 1008 电压互感器现场检验标准化作业指导书相关要求。

二、绝缘电阻测试目的

电压互感器绝缘电阻的目的就是为了有效地发现其绝缘整体由于受潮、脏污、贯穿性缺陷以及绝缘击穿和严重过热老化等产生的缺陷，从而保证互感器能够长期稳定运行。

三、绝缘电阻测试要求

（1）电压互感器二次绕组之间绝缘电阻、电压互感器二次绕组对地绝缘电阻、3kV 以下的电压互感器一次对二次及外壳绝缘电阻使用 500V 绝缘电阻表测量；3kV 及以上的电压互感器一次对二次及外壳绝缘电阻使用 2500V 绝缘电阻表测量。见表 2-11。

（2）绝缘电阻测试测试完毕后，需要对被检互感器进行放电。

表 2-11　　　　　　　　电压互感器绝缘电阻试验要求

试验项目	一次对二次及外壳绝缘电阻	二次绕组之间绝缘电阻	二次绕组对地绝缘电阻
3kV 及以上	>1000MΩ	>500MΩ	>500MΩ
3kV 以下	>100MΩ	>30MΩ	>30MΩ

注　一次对二次及外壳绝缘电阻要求不适用于电容式电压互感器。

四、绝缘电阻测试原理

图 2-16 是绝缘电阻测试原理图，虚框内表示的是摇表内部结构，R_X 是待测的绝缘电阻。它相当于一台小型直流发电机，当摇动手柄就会产生一个很高的直流电压，施加在被试品两端。当被试品绝缘良好时，摇表的表头（G）指针就会趋向于无穷大。当被试品绝缘阻值降低，指针就会指示出具体的绝缘电阻值。这就是绝缘电阻表的工作原理。

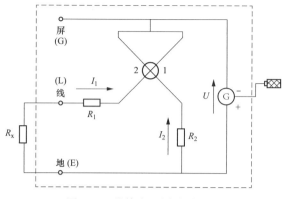

图 2-16　绝缘电阻测试原理图

五、工频耐压试验的目的

电压互感器工频耐压试验，是为了考核电压互感器主绝缘强度和检查局部缺陷的一种破坏性试验。通常在互感器交接、大修后或必要时进行。

六、工频耐压试验要求

工频耐压试验使用频率为 50Hz±0.5Hz，失真度不大于 5％的正弦电压。试验电压测量误差不大于 3％。试验时应从接近零的电压平稳上升，在规定耐压值停留 1min；然后平稳下降到接近零电压。试验时应无异音、异味，无击穿和表面放电，绝缘保持完好，误差无可察觉的变化，见表 2-12。

表 2-12　　　　　　　　　　电压互感器工频耐压试验项目及要求

试验项目	一次对二次及地工频耐压试验	二次对地工频耐压试验	二次绕组之间工频耐压试验
要求	按出厂试验电压的 85％进行	2kV	2kV
说明	35kV 及以上电压互感器除外	—	—

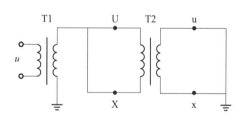

图 2-17　工频耐压试验原理接线图

七、工频耐压试验原理

图 2-17 是工频耐压试验原理接线图。T1 为试验变压器，T2 为被测电压互感器。

首先要说明的是，由于现场情况千差万别，特别是投入运行后的设备试验，除了要注意做好安全措施外，还要拆除或断开互感器一、二次绕组对外的一切连线，并放电和接地。防止试验电压施加其他设备上，造成不可挽回的损失。

工具准备

一、电压互感器检验用工器具的功能

活络扳手要求最大的开口能满足标准和被试品一、二次接头螺母的尺寸，根据标准和被试品的二次绕组所用螺丝的类型和尺寸，选择一字或十字螺钉旋具和长度，根据被试品的电压等级选择相应的放电棒。

活络扳手用来紧固和松动一次导线的接头，如图 2-18 所示。

螺钉旋具分为一字和十字型，可根据螺钉的类型选择使用，用来紧固和松动导线的连接，如图 2-19 所示。

图 2-18　活络扳手　　　　　　　　图 2-19　螺钉旋具

接地盘是和大地直接导通的金属盘，它是整个试验区的接地点，保证试验线路需接地处的可靠接地，如图 2-20 所示。

放电棒是可伸缩的绝缘棒，目的是放掉试验前、后设备一次端残余电量，保证操作人员和设备的安全，如图 2-20 所示。

二、绝缘电阻表介绍

这是一台 2500V 绝缘电阻表，测量范围 0～2500MΩ，外部有 L、G、E 三个接线端钮，一个摇柄和刻度盘。绝缘电阻表属于国家强检设备，必须经检定合格且在有效期内方能使用，如图 2-21 所示，绝缘电阻测试时，应准备额定电压分别为 500V 和 2500V 的绝缘电阻表各一只。

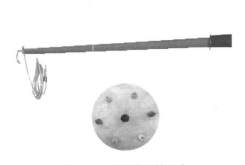

图 2-20　放电棒及接地盘　　　　　图 2-21　绝缘电阻表

材料准备

一、互感器检验用测试导线的要求及功能

接地线车主要是用作检验时的试验接地和保护接地，长度根据现场情况选择，现场使用一般至少 20m。

图 2-22 这是接地线车，接地线一般是多股细铜丝编制而成的软裸铜线，规格为

4mm² 及以上。上面缠绕的是裸铜导线，导线的一端与大地可靠连接，另一端与仪器设备接地点相连接，保证工作中检验人员人身及设备安全。

图 2-23 为电压互感器一次导线，它是一根独芯的硬质导线，如果标准电压互感器和升压器不是一体结构而是两个独立设备的话，则需要两根这样的导线，且长度适中。当电压等级在 110kV 及以上时，考虑到电晕现象，则严禁使用硬质导线，一般用小于等于 2.5mm² 的裸铜线代替。

图 2-22　接地线车　　　　　　图 2-23　电压一次测试线

图 2-24 为互感器试验用测试导线，连接标准互感器至校验仪的二次导线应和标准互感器二次负荷匹配，连接被检电压互感器与校验仪的二次导线所形成负荷不应超过被检电压互感器二次额定负荷的 1/10，导线规格一般为 2.5mm²。调压器输入、输出用到的电源线。要求长度适中，导线的规格至少为 4mm² 及以上。

二、电源盒

电源盒用以提供和控制调压控制箱电源（见图 2-25），同时还可提供互感器校验仪的工作电源。供电电源提供给试验电源设备的容量应不小于试验电源的最大输入功率；其输出电压应与调压器额定输入电压相匹配。

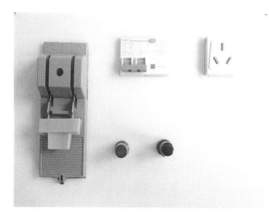

图 2-24　电压二次测试线　　　　　图 2-25　电源盒

三、调压控制箱

调压控制箱用于调节输入的电压，见图 2-26，输出至升压器输入端。它的主要作用是用来将输入的 220V 的交流电压变换成 0～220V 的连续可调的交流电压，其输出电压一般是接在升压器的输入端，用于控制和调节试验所需要的高电压。

图 2-27 为粗调旋钮，调节方式有细调和粗调，根据需要的电压大小选择。调压器的粗调旋钮，用于调节调压器的输出电压。细调旋钮是用于辅助调节调压器的输出电压，可作为粗调到所需电压附近时的精确调节补充。细调电压范围是粗调电压范围的 ±5％ 左右，可以实现零电压输出。由于需要用同一套电源设备做工频耐压试验，因此应在电源设备上安装、计时器、过电流保护及闭锁装置。

图 2-26　调压控制箱

图 2-27　粗调旋钮

调压器面板的左上方是输入端子，右侧相邻的为调压器的输出端子。

在粗调和细调之间的显示灯为调压器的零位指示灯，只有当调压器的"细调""粗调"旋钮均处于零位的时候，此灯才会亮起。

面板右下角的绿色按键是"启动"按键，只有当"零位指示灯"亮起的时候，按下此键才能闭合控制回路，调压器才可正常工作。

零位指示灯正下方的按键是"停止"按键，按下此键可切断调压器的输出电压信号，此时的调压器处于无输出状态。

图 2-28 为"计时器"，用于进行互感器工频耐压试验时的计时控制。其右侧绿色按键为计时开关。

使用时，先设置好需要持续的时间长度，当通过调压器将电压升至需要的电压时，再将计时器按钮按下，当达到设定的时间时，提示音会自动响起。

图 2-29 为调压器的仪表监视端子及表头，用于进行互感器工频耐压试验时一次电压的监测。

图 2-28　计时器

图 2-29　仪表监视端子及表头

四、自升压式标准电压互感器

图 2-30 所示是一台自升压式标准电压互感器，由于它是升压器和标准电压互感器的组合体，在此，我们将其作为带有监视电压端子输出的升压器使用。它是干式自升压精密电压互感器标准。标有"A"标志的端子是一次绕组的高压端子，标有"X"标志的端子是一次绕组的低压端子。

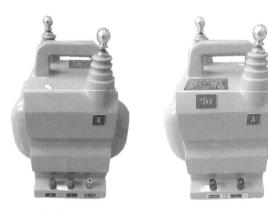

图 2-30　0.05 级自升压标准电压互感器

标有"100（100/√3 V）"标志的端子是二次绕组极性端子，"x"标志的端子是二次绕组的非极性端子，见图 2-31。

标有"N—L"标志的端子是升压时的电压输入端子，其输入的电压是"0~200V"。标有接地端子符号的接线柱是接地端子，见图 2-32。

图 2-31　标准电压互感器二次绕组端子

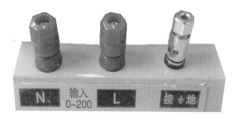

图 2-32　自升压标准电压互感器输入端子

该设备的铭牌如图 2-33 所示。从铭牌上标出的产品名称可知，它是一台升压器和标准电压互感器合为一体的设备，共用一对高压端子。

该设备既可以单独作为普通的升压器使用，也可以将它们合为一体使用，还可以作为带有监视仪表输出端子的升压器使用。

铭牌中显示有两列参数，左列给出的是标准电压互感器的参数，可看出额定变比有两个，一是 10kV/100V，另一个是（$10/\sqrt{3}$）kV/（$100/\sqrt{3}$）V，额定二次负荷分别为 0.2VA 和 0.07VA，准确度等级为 0.01 级。

环保节能干式自升压组合式精密电压互感器		
型号: HJ-S10G1	频率: 50 Hz	功率因数: 1
一次电压kV: 10　10//3	输入电压V: 0~200	
二次电压V: 100　100//3	输出电压kV: 0~10	
二次负荷VA: 0.2　0.07	输出功率VA: 800	
准确度级别: 0.01	持续率: 50%	
出厂编号: KF10145	出厂日期: 201008	重量:20kg.
国网电力科学研究院武汉南瑞有限责任公司		(96)鄂字 00000138

图 2-33　自升压标准电压互感器铭牌

这里需要注意的是，由于该设备是标准电压互感器，不是电力电压互感器，在此允许铭牌中标有两种电压等级的变比。

右列参数为升压器的具体参数，显示可知，升压器的输入电压为 0~200V，输出电压为 0~10kV，额定输出功率为 800VA，由此可知该升压器的输入最大电流为 4A。

五、升压器

下面来介绍试验变压器，如图 2-34 所示。它是在对被试品进行工频耐压试验时的高电压发生器。

根据铭牌可知，这是一台轻型试验变压器，它的输入电压为 200V，可以产生 50kV 的试验电压，额定容量为 3kVA，额定输入电流为 15A。

试验变压器顶部有一个高压输出端，可以输出 0~50kV 的高电压。

电压输入端子标有"a、x"，还有一对仪表监视端子"100V"。当对"a、x"端子施加 0~200V 交流电压时，仪表监视端子会输出 0~100V 交流电压。它与高压输出的比例关系为 50kV/100V。这样我们就可以根据监视仪表显示的数值，来确定高压输出的电压，铭牌如图 2-35 所示。

图 2-34　50kV 高压试验变压器

轻型高压试验变压器					
型　号	GYD-3/50	额定输入电压	200 V	额定输入电流	15 A
试验电压	50 KV	额定输出电流	0.05 A	额定容量	3 kVA
连续工作时间	2 h	频　率	50 Hz	总质量	32 Kg
出厂编号	H0709029				
武汉华电国电高压科技发展有限公司					

图 2-35　50kV 高压试验变压器铭牌

场地准备

（1）具备能满足电压互感器现场试验要求的场地。

（2）电压互感器现场检验的环境条件要求如下：

1）环境温度：−25～40℃，相对湿度不大于80％。

2）环境电磁场干扰引起标准器的误差变化不大于被检互感器基本误差限值的1/20，检验接线引起的被检互感器误差变化不大于被检互感器基本误差限值的1/10。

主要危险点预防控制措施

（1）测定绝缘电阻时如需要登高作业，应使用合格的登高用安全工具。

（2）工频耐压试验时如需要登高作业，应使用合格的登高用安全工具。

（3）绝缘梯使用前检查外观，以及编号、检验合格标识，确认符合安全要求。

（4）登高使用绝缘梯时应设置专人监护。

（5）梯子应有防滑措施，使用单梯工作时，梯子与地面的夹角应为65°～75°，梯子不得绑接使用，人字梯应有限制开度的措施，人在梯子上时，禁止移动梯子。

（6）在绝缘梯上工作时，传递工具和器材必须使用吊绳和圆桶袋，注意防止工具、物件掉落。

（7）梯上高处作业应系上安全带，防止高空坠落。

（8）加强监护，防止接线误碰导致人身触电。

（9）加强监护，防止操作不当导致设备损坏。

（10）加强监护，避免误入带电间隔。

任务实施

选择不接地型电压互感器（见图2-9）作为本次绝缘试验对象。

一、绝缘电阻测试

测试仪器、设备准备：500V、2500V绝缘电阻表各1个（检定有效期内）、测试线一组、放电棒一只、接地线一组、常用工具一套。绝缘电阻测试工作共分为六个步骤。

（一）现场测试前需要做的准备工作

（1）检查被测设备的电源确已断开，被测设备已放电、已无残余电荷。

（2）断开被测电压互感器二次熔丝或隔离开关，保证互感器二次从其他回路中独立出来。

（3）将电压互感器一次绕组A、N端子上的连接导线与一次电路脱离并短接。

（二）检查绝缘电阻表的状态（以2500V的绝缘电阻表为例）

首先检查一下绝缘电阻表性能的好坏，具体步骤如下：

（1）将绝缘电阻表接线端钮 L 和 E 在开路状态下，见图 2-36。摇动手柄至每分钟 120 转速，观察指针趋向"∞"大，见图 2-37。

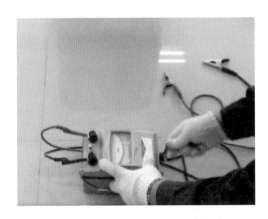

图 2-36　检查绝缘电阻表开路状态

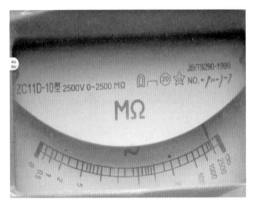

图 2-37　绝缘电阻表表针指向∞

（2）再将 L 与 E 短接，见图 2-38。轻摇手柄，指针应在"0"处，见图 2-39。这说明绝缘电阻表是好的。

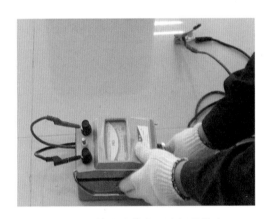

图 2-38　检查绝缘电阻表短路状态

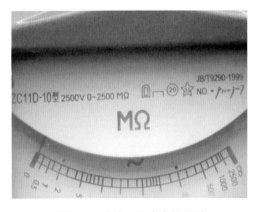

图 2-39　绝缘电阻表表针指零

（3）将绝缘电阻表"E"端接地，如图 2-40 所示；直至绝缘电阻项目测试完毕。

（三）设备接地

将被试电压互感器的外壳接地端子可靠接地，再引出一条准备接于被试品二次绕组上的接地线，如图 2-41 所示。

（四）一次绕组与二次绕组及外壳间绝缘电阻测量（采用额定电压 2500V 绝缘电阻表）

（1）一次端子接线，把被试品的一次绕组 A、N 用短路线短接起来，见图 2-42；将被试品的两个二次绕组 1a～1n、da～dn 分别短路并将第一个二次绕组 1a～1n 接地，见图 2-43。

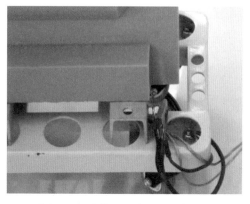

图 2-40　绝缘电阻表"E"端接地

图 2-41　被试电压互感器的外壳接地

图 2-42　被试电压互感器一次绕组短接

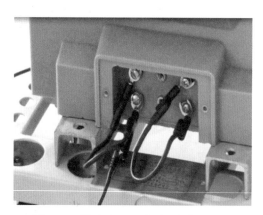

图 2-43　被试电压互感器二次绕组接地

（2）测量一次绕组与二次绕组及外壳间绝缘电阻。首先开始摇动摇表手柄，以每分钟 120 转匀速转动，然后，我们将绝缘电阻表"L"端测试线搭在电压互感器 A、N 端的连接线上，读取 60s 的绝缘电阻值，见图 2-44。测试结束，先断开绝缘电阻表接至 A、N端的连接线，再将绝缘电阻表停止运转。并对测试回路进行放电，见图 2-45。

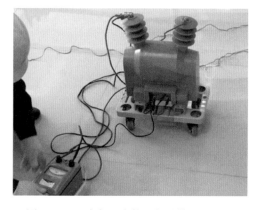

图 2-44　一次与二次绕组间绝缘电阻测量

图 2-45　测试后的放电

再测量第二绕组，将第一绕组上的接地线，移到第二绕组上。开始摇动摇表手柄，以每分钟 120 转匀速转动，然后，再将绝缘电阻表"L"端测试线搭在电压互感器 A、N 端的连接线上，读取 60s 的绝缘电阻值。测试结束，先断开绝缘电阻表接至 A、N 端的连接线，再将绝缘电阻表停止转动。并对测试回路进行放电。

（五）二次绕组与二次绕组间及与地间绝缘电阻测量（采用额定电压为 500V 的绝缘电阻表）

（1）接线。将被试品的两个二次绕组 1a～1n、da～dn 分别短路并将第二个二次绕组 da～dn 接地，如图 2-46 所示。

（2）测量二次绕组与二次绕组间绝缘电阻。更换 500V 的兆欧表，先把摇表先转动起来，当达到每分钟 120 转速时，我们将绝缘电阻表"L"端测试线搭接在没有接地的绕组上，匀速转动 60s，读取绝缘电阻值，见图 2-47。测试结束，先取下搭在第一绕组 1a～1n 上的测试线，再让摇表停转。并对测试回路进行放电，见图 2-48。

图 2-46　二次绕组间绝缘电阻测量接线

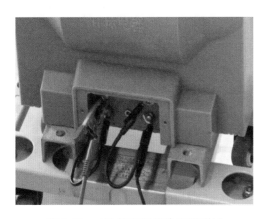

图 2-47　二次绕组间绝缘电阻测量

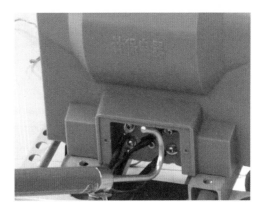

图 2-48　测量后的放电

（3）测量二次绕组与地间的绝缘电阻。将二次绕组上的接地线取下，与地脱离，并用短路线将两个绕组短接。然后开始摇动手柄，当达到每分钟 120 转转速时，再将绝缘电阻表"L"端测试线搭接在短接的绕组上，持续 60s 并读取绝缘电阻值，如图 2-49 所示。测试结束要对测试回路充分放电，如图 2-50 所示。

（六）收工

拆除一、二次短接线、连接线及地线，将导线收起，并将绝缘电阻表的收放置合适位置。

图 2-49　二次绕组与地间绝缘电阻测量

图 2-50　测量后的放电

根据测量的数据和表 2-8 的限值进行比较，判断电压互感器绝缘电阻是否合格，给出结论，如图 2-51 所示。

电压互感器现场检验原始记录

厂站名称＿＿＿＿××变电站＿＿＿＿　　出厂编号＿＿＿＿××××＿＿＿＿

馈线名称＿＿＿＿××线＿＿＿＿　　额定一次电压＿＿＿10＿＿＿kV

制造厂名＿＿＿＿××电气有限公司＿＿　　型　号＿＿JZW-10＿＿

额定功率因数＿＿＿＿＿0.8＿＿＿＿＿　　额定频率＿＿＿50＿＿＿Hz

额定二次电压

1a—1n＿＿＿100＿＿＿V　　2a—2n＿＿＿／＿＿＿V　　＿＿／＿＿V

额定二次负荷（功率因数cosφ＝0.8 ）

1a—1n＿＿＿80＿＿＿VA　　2a—2n＿＿＿／＿＿＿VA　　＿＿／＿＿VA

准确度等级

1a—1n＿＿＿0.5＿＿＿　　2a—2n＿＿＿＿＿　　＿＿／＿＿

检定时的环境条件

环境温度＿＿＿＿＿23＿＿＿＿＿℃　　环境湿度＿＿＿＿54＿＿＿＿RH

检定用标准器

名　称＿干式自升压组合式精密电压互感器＿型号规格＿HJ-S10G1＿准确度＿0.01＿

编　号＿＿＿＿KF10145＿＿＿＿　　备　注＿＿＿＿＿＿＿＿＿

检定结果

外观检查＿＿＿＿合格＿＿＿＿　　极性试验＿＿＿＿＿＿＿＿

绝缘电阻＿＿＿＿合格＿＿＿＿　　工频电压试验＿＿＿＿＿＿

稳定性试验＿＿＿＿＿＿＿＿＿＿　　运行变差实验＿＿＿＿＿＿

误差测量＿＿＿＿＿＿＿＿＿＿＿

检验员＿＿＿＿＿＿＿＿＿＿＿＿＿

审　核＿＿＿＿＿＿＿＿＿＿＿＿＿

检验日期：××××年××月××日

共2页　第1页

图 2-51　绝缘电阻测量的记录表

二、工频耐压试验（选做）

（一）试验前的准备工作

（1）了解被试品现场情况及试验条件。测试环境条件是否符合测试要求（天气良好、相对湿度不大于 80％，被试品温度不低于＋5℃），被试品具备出厂合格证书，安装使用说明书，试验报告等资料，及时掌握被试品运行及缺陷情况。

（2）试验仪器、设备准备。50kV 试验变压器一台（检定有效期内），10kV 试验变压器一台（检定有效期内），电源调控箱一台，测试线一组，放电棒一只，接地线一组，常用工具一套。

（二）试验回路接线

（1）地线的连接。把地线从接地盘引出，先将"电源调控箱"接地，再将"试验变压器"接地，如图 2-52 所示。最后将"被试品"接地，并引出一根线，作为二次绕组的接地线，如图 2-53 所示。

图 2-52　试验变压器接地

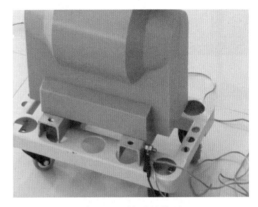

图 2-53　被试品接地

（2）一次导线的连接。先把被试品一次绕组 A、N 端子用短路线短接再连接到试验变压器的高压输出端，如图 2-54 所示。

（3）二次导线的连接。把两个绕组分别用短路线短路，再用一根红色短路线将两个绕组短接起来，最后将二次绕组接地，如图 2-55 所示。

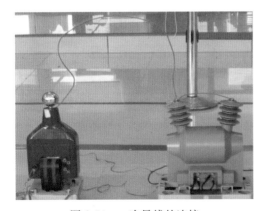

图 2-54　一次导线的连接

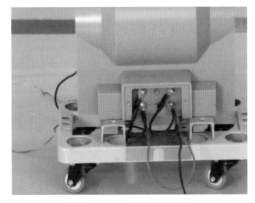

图 2-55　二次导线的连接

（4）电源线的连接。

1）首先连接"试验变压器电压仪表线"。将试验变压器上 100V 仪表电压输出端子上接出两根线，接至"电源调控箱电压仪表"端子上，以便监视试验变压器输出电压，如图 2-56 和图 2-57 所示。

 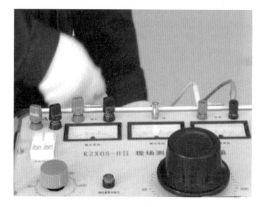

图 2-56　试验变压器仪表端子接线　　　　图 2-57　电源调控箱仪表端子接线

2）再连接"试验变压器电源线"。从试验变压器电源输入端子 a、x 接出两根电源线，接入"电源调控箱电源输出"端，如图 2-58 和图 2-59 所示。

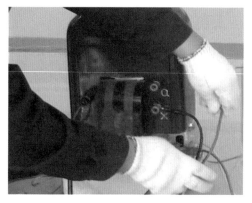 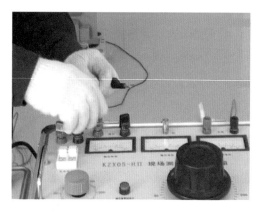

图 2-58　试验变压器输入端子接线　　　　图 2-59　电源调控箱输出端子接线

3）最后把电源"调控箱的电源输入线"接在电源盒"试验电源"输出端，如图 2-60 和图 2-61 所示。

（三）一次绕组对二次绕组及地的工频电压试验

（1）试验电压及时间的确定。根据被试品的铭牌参数，我们知道它的出厂试验电压为 42kV。一次对二次及地工频耐压试验按出厂试验电压的 85％进行，所以我们要对被试品施加 35kV 的工频电压。时间为 60s。

（2）一次绕组对二次绕组及地工频耐压试验。

1）参数设置。先设定耐压时间，将调压器上的"时间设定"为 60s，如图 2-62 所示。再根据试验变压器的额定输入电流将"过电流保护"设定为 15A，如图 2-63 所示。这两个参数设好后，就要开始通电试验了。

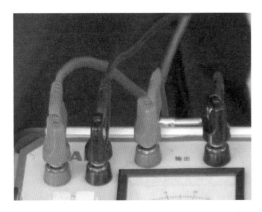

图 2-60　试验变压器仪表端子接线

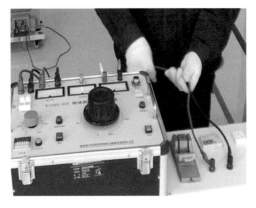

图 2-61　电源调控箱仪表端子接线

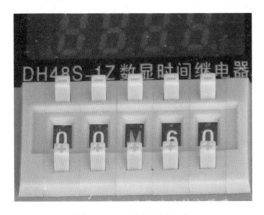

图 2-62　耐压时间设定

图 2-63　过电流保护设定

2）送电。先合电源开关，再合剩余电流动作保护器，如图 2-64 所示。当听到调控箱发出报警声，说明已经通电了，这时按下解除按钮，解除音响报警。再按下"启动"开关，如图 2-65 所示。

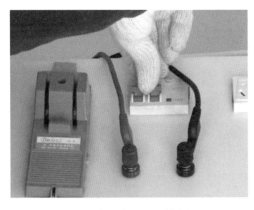

图 2-64　合剩余电流动作保护器

图 2-65　按下"启动"开关

3）加压及计时。缓慢地顺时针旋转调压器旋钮，指示仪表的指针开始顺时针偏转。当输出电压达到 35kV 时，如图 2-66 所示。按下"计时开关"按键，60s 计时开始，如图 2-67 所示。时间到计时器会自动发出警报，再按下计时开关，"计时开关"停止计时。

图 2-66　加压到 35kV

图 2-67　"计时开关"启动

4）断电及放电。我们再缓慢地逆时针调节调压器，开始降压，直至电压降为零。按下停止按钮关闭电源、拉开剩余电流动作保护器、再拉开电源开关，试验结束。试验结束后，对试验回路进行放电并拆线。

（四）二次绕组对二次绕组及地的工频电压试验

（1）试验电压及时间。根据规定，电压互感器二次绕组间工频耐压试验应施加 2000V，时间为 60s，所以需要更换试验变压器并重新进行接线。

（2）试验接线。

1）将试验变压器和被试品，按位摆放好，首先进行地线的连接。把地线从接地盘引出，将升压器"接地"端子接地，并引出一条准备接在被试品二次绕组上的接地线。接下来把地线接到升压器一次绕组的 X 端子上，再将被试品"接地"端子接地，如图 2-68 所示。下一步开始连接一次试验回路，把升压器一次绕组的 A 端子接于被试品 1a～1n（1a～1n 已短路）上，把 da～dn（da～dn 已短路）接地，如图 2-69 所示。

2）升压器仪表电压输出端子接线。在升压器 100V、X 两个端子上接出两条线，接到调控箱"仪表"端子上。在升压器"N、L"220V 电源输入端子上接出两根线，连接到调控箱电源"输出"端子上，最后连接调控箱电源输入端至电源盒之间的电源线。

（3）参数设置。"计时器"时间设定为 60s，如图 2-70 所示；"过电流保护"设定为 4A，如图 2-71 所示，开始试验。

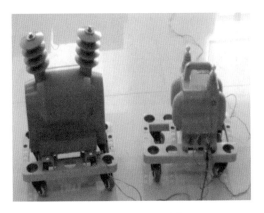

图 2-68　地线的连接

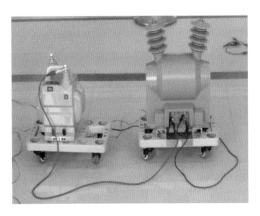

图 2-69　一次试验回路接线

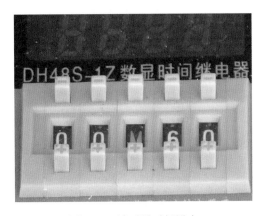

图 2-70　计时器时间设定

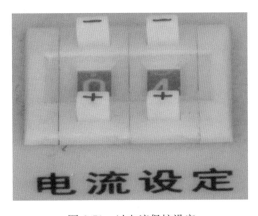

图 2-71　过电流保护设定

（4）操作步骤。先合上电源开关，再合上剩余电流动作保护器。此时调控箱通电后发出报警声，按下解除报警按钮。按下调控箱的电源启动按钮，开始升压，如图 2-72 所示。缓慢匀速地调节调压器，当电压表指针指在 2kV 刻度时，停止升压，按下计时开关，计时器会从 0s 逐渐递增到 60s，如图 2-73 所示。

在升压的过程中，或停留在 60s 时间里，密切关注电流表、电压表显示有无波动，被试品有无异音及异味等现象发生。如有异常现象出现，应立即关闭电源，停止试验。

当定时器到达 60s 时会发出报警声，说明耐压时间已到，按下计时开关，解除报警，慢慢地调节调压器旋钮，使电压平稳下降到接近零电压。最后按下调控箱停止按钮，拉开剩余电流动作保护器、隔离开关，试验结束。

（5）对试验回路放电。将一端接有地线的放电棒触碰被试品及试验变压器的高压测试端，放掉其上的参与电荷，如图 2-74 所示。

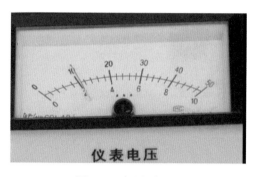

图 2-72　加压到 2kV

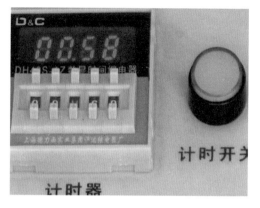

图 2-73　"计时开关"启动

（五）二次绕组及地的工频电压试验

（1）试验接线。将接在 da～dn 上的地线拆下，再将两个二次绕组用短路线短接起来，高压试验线仍然接在短接的二次绕组上，如图 2-75 所示。

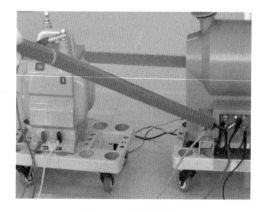

图 2-74　试验回路放电

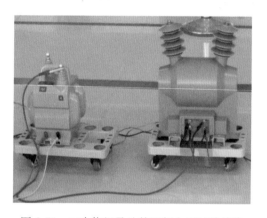

图 2-75　二次绕组及地的工频电压试验接线

（2）开始试验，先合电源开关，后合剩余电流动作保护器，调控箱发出的报警声时，按下解除报警按钮。缓慢调节调压器旋钮，电压表指针到达 2kV 时，停止升压，按下计时器开关。当定时器显示 60s 时会发出报警声，按下计时开关，解除报警，然后将调压器平稳回至零位。按下调控箱停止按钮，拉开剩余电流动作保护器、隔离开关，试验结束。最后对试验回路进行放电。

（六）收工

（1）拆除试验接线，拆线的顺序一定要和接线的顺序相反，先拆电源线，后拆测试线。

（2）清点好所用的工器具，收集整理好现场资料，设备归位。

（3）如果试验过程中，没有异常现象发生，则在电压互感器检验原始记录表上的工频电压试验栏填上“合格”，如图 2-76 所示。

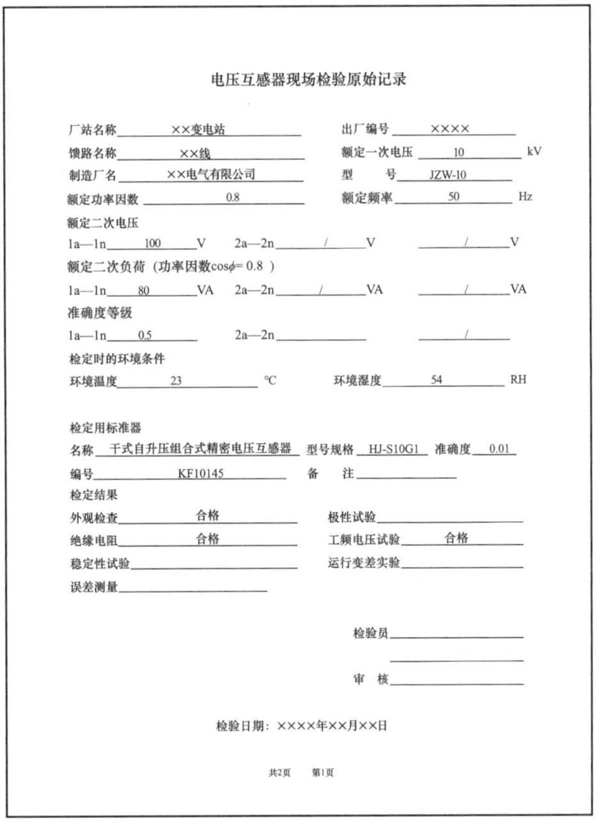

电压互感器现场检验原始记录

厂站名称 ××变电站　　出厂编号 ××××
馈路名称 ××线　　额定一次电压 10 kV
制造厂名 ××电气有限公司　　型　号 JZW-10
额定功率因数 0.8　　额定频率 50 Hz
额定二次电压
1a—1n 100 V　2a—2n / V　/ V
额定二次负荷（功率因数cosϕ= 0.8 ）
1a—1n 80 VA　2a—2n / VA　/ VA
准确度等级
1a—1n 0.5　2a—2n ____　/
检定时的环境条件
环境温度 23 ℃　　环境湿度 54 RH

检定用标准器
名称 干式自升压组合式精密电压互感器　型号规格 HJ-S10G1　准确度 0.01
编号 KF10145　　备　注 ____
检定结果
外观检查 合格　　极性试验 ____
绝缘电阻 合格　　工频电压试验 合格
稳定性试验 ____　　运行变差实验 ____
误差测量 ____

检验员 ____

审　核 ____

检验日期：××××年××月××日

共2页　第1页

图 2-76　电压互感器现场检验工频耐压原始记录

思政小知识

欧洲文艺复兴时期的著名画家达·芬奇，从小爱好绘画。父亲送他到当时意大利的名城佛罗伦萨，拜名画家佛罗基奥为师。老师要他从画蛋入手。他画了一个又一个，足足画了十多天。老师见他有些不耐烦了，便对他说：“不要以为画蛋容易，要知道，1000 个蛋中从来没有两个是完全相同的；即使是同一个蛋，只要变换一下角度去看形状也就不同了，蛋的椭圆形轮廓就会有差异。所以，要在画纸上把它完美地表现出来，非得下番苦功不可。”

从此，达·芬奇用心学习素描，经过长时期勤奋艰苦的艺术实践，终于创作出许多不朽的名画。

任务评价

电压互感器绝缘试验评价表见表 2-13。

表 2-13 电压互感器绝缘试验评价表

姓名		学号					
序号	评分项目	评分内容及要求	评分标准	扣分	得分	备注	
1	预备工作（10分）	1）安全着装。 2）工器具检查	1）未按照规定着装，每处扣1分。 2）工器具选择错误，每次扣2分；未检查扣1分。 3）其他不符合条件，酌情扣分				
2	班前会（10分）	1）交代工作任务及任务分配。 2）危险点分析。 3）预控措施	1）未交代工作任务，扣3分/次。 2）未进行人员分工，扣3分/次。 3）未交代危险点，扣3分；交代不全，酌情扣分。 4）未交代预控措施，扣3分。 5）其他不符合条件，酌情扣分				
3	设置安全措施及温湿度计（10分）	1）安全围栏。 2）检查环境	1）未检查安全围栏设置情况，扣5分，设置不正确，扣3分。 2）检验前未检查环境条件扣5分。 3）其他不符合条件，酌情扣分				
4	绝缘电阻测量（25分）	绝缘电阻测量	1）未做绝缘测试不得分。 2）选用兆欧表量程不当扣3分。 3）兆欧表未自检扣5分。 4）测试线路连接不正确一次扣3分。 5）测试方法不当一次扣5分。 6）测试数据记录不当扣2分。 7）表未关扣2分。 8）结论不正确扣，扣5分/项				
5	工频耐压试验（30）	1）设备接地。 2）试验回路接线。 3）一次绕组对二次绕组及地的工频电压试验。 4）二次绕组之间的工频耐压试验。 5）二次绕组对地的工频耐压试验。 6）拆线、清理现场和资料整理	1）设备接地不到位，每少一处扣4分。 2）试验回路接线出现错误，每次扣4分。 3）一次绕组对二次绕组及地的工频电压试验，操作错误每次扣5分。 4）二次绕组之间的工频耐压试验操作错误每次扣5分。 5）二次绕组对地的工频耐压试验操作错误每次扣5分。 6）拆线、清理现场和资料整理，不当之处每次扣3分				
6	整理现场（5分）	恢复到初始状态	1）未整理现场，扣5分。 2）现场有遗漏，每处扣1分。 3）离开现场前未检查，扣2分。 4）其他情况，请酌情扣分				
7	综合素质（10分）	1）着装整齐，精神饱满。 2）现场组织有序，工作人员之间配合良好。 3）独立完成相关工作。 4）执行工作任务时，大声呼唱。 5）不违反电力安全规定及相关规程					
8	总分（100分）						

试验开始时间	时	分	用时：	分
试验结束时间	时	分		

教师	

任务拓展

工频耐压试验知识拓展：

互感器的绝缘性能除了要满足在额定电压下长期运行外，还必须承受由于各种原因产生的过电压对互感器的侵袭。工频耐压试验的目的是检查和考核互感器的绝缘是否存在缺陷和抵挡过电压侵袭的能力，试验对象是绝缘介质。

新制造的电力电压互感器的耐压要求参照 GB/T 20840.3《互感器 第 3 部分：电磁式电压互感器的补充技术要求》和 GB/T 20840.2《互感器 第 2 部分：电流互感器的补充技术要求》及 GB/T 20840.5《互感器 第 5 部分：电容式电压互感器的补充技术要求》，具体见表 2-14。运行中的电压互感器绝缘试验电压为出厂试验电压的 80%。精密互感器由于不考虑过电压，一般可按最高工作电压的 1.2 倍到 1.5 倍试验。按 JB/T 5472《仪用电流互感器》和 JB/T 5473《仪用电压互感器》生产的精密互感器的工频耐压值则参照这两个标准的规定。

互感器的二次绕组之间及对底座或油箱要进行 2kV，历时 1min 的工频耐压试验。接地电压互感器接地端子对底座或油箱要进行 3kV（额定电压 35kV 及以下）和 5kV（额定电压 35kV 以上）历时 1min 的工频耐压试验。

表 2-14 电压互感器工频耐压表

额定电压（kV）	3	6	10	15	20	35	66		110
工频耐压（kV）	18/25	23/30	30/42	40/55	50/65	80/95	140	160	185/200
额定电压（kV）	220		330		500		750		1000
工频耐压（kV）	360	395	460	510	630	680	900	960	1100

注 该栏线下的数据为该类设备的外绝缘干耐受电压。

工频耐压试验装置输出的试验电压应为频率 $45\sim65\text{Hz}$ 的交流电压，波形接近正弦，两个半波完全相同，峰值与有效值之比等于 $\sqrt{2}$。试验电压应能按一定速度连续平稳地调节。当电压达到最大值 U 的 75% 后，宜按 $2\%U/\text{s}$ 的速度升压。为了保证试验过程中，包括放电瞬间试验电压稳定，试验设备输出电流容量应足够大，不宜小于 0.1A。一般情况可取不小于 1A。被试互感器在表 2-14 的试验电压下历时 1min 没有发生击穿和闪络，就算通过试验。试验电压的测量应在高压侧进行。测量时可以使用分压式高压表。测量误差应不超过 ±3%。

工频耐压试验通常使用试验变压器。由于试品有时会发生闪络和击穿，为了保护试验变压器，必须限制短路电流。除了用外接限流电阻保护外，试验变压器在设计时就有意使它具有比变压器大得多的漏电抗，通常使短路阻抗达到 15% 左右，限制过电流倍数不超过 7 倍。

任务四　电压互感器极性检查及基本误差试验

任务目标

掌握测量电压互感器基本误差的原理，能够进行误差试验时正确接线，掌握采用互感器校验仪法测量互感器极性的方法，熟练掌握电压互感器误差测量的操作流程，培养"公平""公正"理念，提高电力营销过程中的职业素养。

任务描述

本任务主要完成电压互感器极性检查和误差测量，具体包括各类相关设备的正确使用，误差测量的正确接线，接线操作的步骤和流程，以及在额定二次负荷状态下和下限负荷状态下开展误差的测量。

知识准备

一、电压互感器的极性概念

对互感器而言，极性是指某一瞬间互感器一次线圈与二次线圈电流方向的关系如

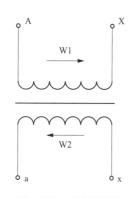

图 2-77　互感器线圈
电流方向

图 2-77 所示。当一次线圈侧有电流从 A 端流入，X 端流出，二次侧有电流从 a 端流出，x 端流入，我们就称 A 与 a，X 与 x 为同极性端，而 A 与 x 或 X 与 a 为异极性端。因为从同极性端看进去的电流方向相反，故称减极性。当然对于电压互感器而言，在减极性情况下，流过仪表电压线圈的电流和一次线圈的电流方向也是相同的，所以一般互感器规定为减极性。互感器的极性是由绕向和端子标志决定的。

二、电压互感器误差测量的原理

推荐使用的用互感器校验仪检查绕组极性的方法，具体线路如图 2-78 所示。用校验仪的极性指示功能或误差测量功能，确定电压互感器的极性。

需要说明的是，根据 JJG 1189.4 推荐的线路，用标准电压互感器检验电磁式电压互感器误差的线路图共有两种，分别是高端测差法和低端测差法，考虑到大部分互感器校验仪的测试原理均采用低端测差法设计，在此，我们将对低端测差法的线路进行详细介绍。

图中共包含了七台设备，分别是电源盒、调压器、升压器、标准电压互感器、被检电压互感器、互感器校验仪、电压负载箱。

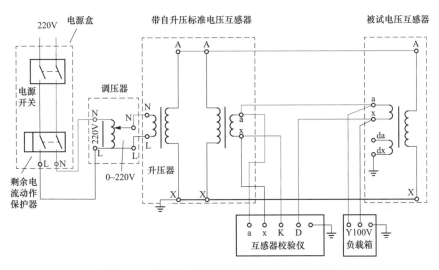

图 2-78 电压互感器基本误差测量接线原理图

（1）电源盒：用来提供和控制电源。

（2）调压器：它可以将输入到输入端的 220V 电压变换成 0~220V 间的输出电压。

（3）升压器：用来产生在误差测量过程中所需要的高电压。

（4）标准电压互感器：是用来产生试验过程中标准二次电压信号。

（5）互感器校验仪：主要是用以测量被测电压互感器的误差。

（6）电压互感器负荷箱：主要是用来给被测电压互感器的二次绕组提供额定负荷以及下限负荷。

以上所介绍的就是测量电压互感器的基本误差所用到的主要设备，当然还有图中所用到的一、二次测量导线以及接地线等。

图 2-78 中还有一台设备，就是这台被测电压互感器，它是本节课的测量对象。图中只画出了被试品只有一个被测绕组的情况，当被试品有两个被测绕组时（非剩余二次绕阻），应该在另一个二次绕组上再并接一个电压负荷箱。

了解了电压互感器误差测量所用到的设备，下面我们来学习一下其误差测量的原理。

当电源盒闭合，交流 220V 的电压输入到调压器的输入端的时候，通过调节调压器的调节旋钮，将会在升压器的输入端产生 0~220V 的交流电压，升压器通过电磁变换，其输出端就会产生一定大小和方向的高电压 U，由于升压器的输出端和被测电压互感器、标准电压互感器的一次绕组并联在一起，所以这个电压就同时加在了它们的一次绕组上。

此时，在标准电压互感器和被试电压互感器的二次绕组上分别感应出二次电压向量 u_0 和 u_x。这里注意两个电压的方向，它们是同向的，其原因是由电压互感器减极性的特性引起的。

当我们将标准电压互感器的二次高端 a 和被试电压互感器的二次高端 a 相对接，就会在标准电压互感器的二次低端 x_0 和被试电压互感器的二次低端 x_x 之间，也就是互感器校验仪的 K、D 接线柱之间获得它们的电压差向量 ΔU，ΔU 等于 $u_x - u_0$。

互感器校验仪将直接测量出 ΔU 的同相分量和正交分量，以比值差和相位差的形式显示在窗口上。

在试验过程中，由于互感器校验仪需要随时监测试验回路的电压，同时还需要获取标准电压互感器的二次电压值以进行误差的计算，所以我们从标准电压互感器的二次端子引出两根测试线分别接至接至校验仪的 a 和 x 接线柱上。

当然，由于在进行被试电压互感器误差试验时，需要将其二次绕组分别带上额定负荷或下限负荷，所以需要用两根导线将电压互感器负荷箱并接在被试互感器二次绕组的端子 a、x 上。

这里有几点需要注意的地方：一是剩余绕组 da～dn 不需要带二次负载。二是当被试电压互感器二次有多个绕组时，如：1a～1n、2a～2n、3a～3n、da～dn，此时在对 1a～1n 进行额定负荷下的误差测量时，2a～2n、3a～3n 也需要分别带上额定负荷。三是在对 1a～1n 进行下限负荷下的误差测量时，下限负荷分配给被测二次绕组，且下限负荷值规定为 2.5VA，其他非被测二次绕组 2a～2n、3a～3n 空载。四是当电压互感器负荷箱具有两种输入电压选择时，应根据被测二次绕组的额定二次电压选择负荷箱的输入电压。五是当进行实际负荷下的误差测量时，除剩余绕组外，其余二次绕组需带实际二次回路。

三、在互感器校验仪上检查极性

这是规程推荐使用的用互感器校验仪检查绕组极性的方法（此方法可在电压互感器基本误差测量项目接线完毕后进行）。一般互感器校验仪上都带有极性指示器，在误差试验的同时，就可以预先进行极性检查。此时电流互感器误差试验的接线必须按照规程推荐的接线图进行接线，当通过电流时，如极性指示灯没有亮，则说明被试互感器绕组的极性标志正确。

四、电压互感器误差测量点

根据被检电压互感器的变比和准确度等级，参照规程选用标准器并使用推荐的试验线路测量误差。测量时可以从最大的百分数开始，也可以从最小的百分数开始。高电压互感器宜在至少一次全量程升降之后读取检验数据，电压互感器误差测量点的要求，见表 2-15。

检验准确级别 0.1 级和 0.2 级的互感器，读取的比值差保留到 0.001%，相位差保留到 $0.01'$。检验准确级别 0.5 级和 1 级的互感器，读取的比值差保留到 0.01%，相位差保留到 $0.1'$。

表 2-15 电压互感器误差测量点

U_1/U_N （%）	80	100	105①	110②	120③
额定负荷④	+	+	+	+	+
下限负荷⑤	+	+	—	—	—

注 U_N 为额定一次电压。
　① 适用于 750kV 和 1000kV 电压互感器；
　② 适用于 330kV 和 500kV 电压互感器；
　③ 适用于 220kV 及以下电压互感器；
　④ 当电压互感器有多个二次绕组时，额定负荷试验时除剩余绕组外其他绕组均应接额定负荷；
　⑤ 电压互感器的下限负荷按 2.5VA 选取，当电压互感器有多个二次绕组时，下限负荷试验时负荷分配给被
　　检二次绕组，其他二次绕组空载。

五、基本误差限值

在表 2-1 的参比条件下，电压互感器的误差不得超出表 2-16 给定的限值范围，实际误差曲线不得超出误差限值连线所形成的折线范围。

表 2-16 电压互感器基本误差限值

准确等级	电压百分数（%）	80～120
1	比值差（±%）	1.0
	相位差（±'）	40
0.5	比值差（±%）	0.5
	相位差（±'）	20
0.2	比值差（±%）	0.2
	相位差（±'）	10
0.1	比值差（±%）	0.1
	相位差（±'）	5

工具准备

所用工具：活络扳手、螺钉旋具、接地盘、放电棒，功能及介绍见任务三。

材料准备

本任务所用的材料和设备共包括电源盒、调压器、升压器、标准电压互感器、被检电压互感器、互感器校验仪、电压负载箱及若干导线，其中电源盒、调压器、标准电压互感器、被检电压互感器前面介绍过，在此不作赘述。

一、互感器校验仪

图 2-79 是数字式互感器校验仪，用于互感器误差测试及极性判断，通过按键操作进入测量界面，图中 3 个窗口分别可显示比差、角差、电流百分比等。图 2-80 显示的是互感器校验仪功能键，一般的互感器校验仪都具有四个功能：一是导纳的测量，用字母 Y表示；二是阻抗的测量，用字母 Z 表示；三是电流互感器误差的测量，用字母组合 CT

表示；四是电压互感器误差的测量，用字母组合 PT 表示，使用时根据需要按下相应的功能键。

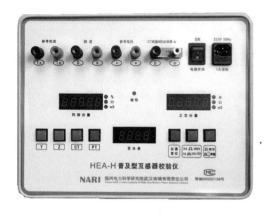

图 2-79　数字式互感器校验仪

图 2-80　互感器校验仪功能键

互感器校验仪的辅助功能键如图 2-81 所示。这三个辅助功能键中，第一个是复位键，第二个是组合键，它是用来与 CT 键或 PT 键组合使用的，当 CT 键按下时，如果组合键按下，则表示所测线路的电流互感器额定二次电流为 1A，反之，则表示额定二次电流为 5A。同样，当 PT 键按下时，如果组合键按下，则表示所测线路的电压互感器额定二次电压为 $100/\sqrt{3}$，反之，则表示额定二次电压为 100V。第三个为检定/测量键，这个键的设置是与历史原因有关系，没有太多的意义，可不用管它。

图 2-82 所示的这六个端子是具体测量时的接线端子，根据测差式校验仪传统标识方法，T_X、T_0 为参考电流接线端子，K、D 为测差回路接线端子。a、x 为参考电压接线端子。

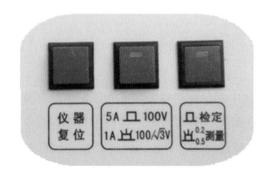

图 2-81　互感器校验仪辅助功能键

图 2-82　互感器校验仪接线端子

图 2-83 是互感器校验仪的接地端子。

图 2-84 是互感器校验仪的数据显示窗口，一般我们把它叫作比差显示窗口、角差显示窗口、百分表显示窗。当然这么称呼的前提是该校验仪是用作测量互感器误差的设备，

如果考虑到它四个功能的通用性，也可以把比差显示窗口叫作同相分量显示窗口，把角差显示窗口叫作正交分量显示窗口。比值差和相位差示值分辨率应不低于0.001%和$0.01'$。

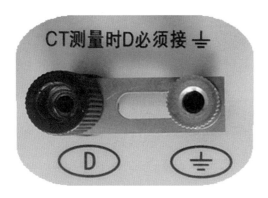

图 2-83　互感器校验仪接地端子

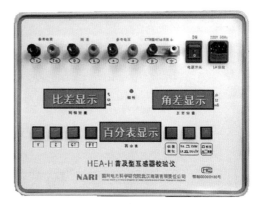

图 2-84　互感器校验仪数据显示窗口

互感器校验仪的面板中间位置有一个极性指示灯，在试验接线正确的前提下，当被试品的极性出现错误时，该灯会亮起，同时伴随有报警声。

二、互感器负荷箱

试验时所用的电压互感器负荷箱，见图 2-85，这里我们看到的"Y""100V"和"$100V/\sqrt{3}$"端子，是负载箱的输入、输出端子，其中"100V"和"$100V/\sqrt{3}$"端子，可根据被试电压互感器二次电压值来选择使用，使用时将负载箱的两个端子并联到被试互感器二次绕组的两个端子上，用以给被试电压互感器提供二次负载。

图 2-86 是该负载箱的铭牌，这是电压互感器负载箱的铭牌，铭牌中的一个主要参数是"额定容量"，其标出的 1.25VA 和 158.75VA，分别表示负载箱能提供的最小和最大容量值。举例说明：假设现在我们需要负载箱提供功率因数为 0.8，容量为 3.75VA 的负

图 2-85　电压互感器负荷箱

电压互感器负荷箱

型　　号：FY93-H	试验电压：2kV
功率因数：0.8:1.0	准确度：± 3% ± 0.05VA
额定电压：100V :100/√3 V	电压范围：20%~120%
额定容量：1.25 158.75VA	生产序号：JL060
额定频率：50Hz	生产日期：2010 年 12 月

制造计量器具许可证：96 量制鄂字 00000138

说明：负载大小及功率因数用开关选择，负载值为各开关标称值之和，最大值为 158.75VA

图 2-86　电压互感器负荷箱铭牌

荷值，则将标有 1.25VA 和 2.5VA 的两个开关掰到上方位置即可。将所有切换开关同时掰到上方或下方，将可获得功率因数为 0.8 或 1.0 的 158.75VA 负荷值。另一个重要参数是"准确度"，铭牌中显示为"±3％±0.05VA"，表示该负载箱的准确度等级是 3 级，不确定度为 0.05VA。

图 2-87 是电压互感器负载箱的切换开关，用以设置（或叠加）大小不同的负载。可根据被测电压互感器的二次负荷功率因数值来选择使用。当功率因数是 1.0 时，将切换开关掰到下方，当功率因数是 0.8 时，将切换开关掰到上方。空载时，将切换开关掰到中间位置。

图 2-87　电压互感器负荷箱切换开关

场地准备

（1）具备能满足电压互感器现场试验要求的试验场地。

（2）电压互感器现场检验的环境条件要求如下：

1）环境温度：−25～40℃，相对湿度不大于 80％。

2）环境电磁场干扰引起标准器的误差变化不大于被检互感器基本误差限值的 1/20，检验接线引起的被检互感器误差变化不大于被检互感器基本误差限值的 1/10。

预防控制措施

（1）接线时如需要登高作业，应使用合格的登高用安全工具。

（2）绝缘梯使用前检查外观，以及编号、检验合格标识，确认符合安全要求。

（3）登高使用绝缘梯时应设置专人监护。

（4）梯子应有防滑措施，使用单梯工作时，梯子与地面的夹角应为 65°～75°，梯子不得绑接使用，人字梯应有限制开度的措施，人在梯子上时，禁止移动梯子。

（5）梯上高处作业应系上安全带，防止高空坠落。

（6）戴好安全帽和绝缘手套。

（7）加强监护，避免误入带电间隔。

（8）接线时保持和相邻带电部位的安全距离。登高防止坠落。

（9）试验接线必须逐根复核无误。

（10）如使用高空作业车，则应确保作业车的规范使用，尤其注意与周围带电体的安全距离。

（11）在绝缘梯上工作时，传递工具和器材必须使用吊绳和圆桶袋，注意防止工具、物件掉落。

（12）接线前应检查装置电源在断开位置。

（13）电压等级在 110kV 及以上时，禁用硬导线作一次试验线。

（14）一次升压试验导线和周边设备必须大于安全距离，并采取必要的固定措施。

（15）检查调压器粗调、微调旋钮是否回零。

（16）绕组极性时如需要登高作业，应使用合格的登高用安全工具。

（17）绝缘梯使用前检查外观，以及编号、检验合格标识，确认符合安全要求。

（18）操作不当导致设备损坏。

（19）注意升压过程要严格监护、执行呼唱制，严防触电。

（20）防范调压控制器复位不完全或电源未断开造成的人身伤害。

任务实施

进行基本误差测量的操作实训前，先确定被检电压互感器参数如下。

（1）电压互感器类型：不接地电压互感器。

（2）试验方法：采用低端测差法。

（3）二次绕组为：1a～1n。

（4）绕组变比：10000/100（V）。

（5）准确度等级：0.2 级。

（6）额定二次负荷：80VA。

一、检验接线

（一）连接接地线

用接地线车对试验设备进行接地，如图 2-88 所示。为了确保实训过程中的安全，所有需要接地的地方都应该接地，这里包括试验接地和保护接地，一般在外壳上都有明显接地标志"⊥"，分别是接地盘、互感器校验仪、调压控制箱、电压负荷箱（两个）、被试电压互感器、带自升压式标准电压互感器、标准电压互感器和被试电压互感器的一次绕组低端等共有 9 处接地点（根据互感器校验仪的说明书，确定"D"端子是否需要接地）。

（二）一次导线的连接

图 2-89 中，红色线标出的为标准与被试电压互感器一次绕组高端"A、A"之间的连接线，注意该导线的绝缘距离，当硬质导线较长时，注意避免下垂；一次绕组低端"X、X"之间的连接线已在图 2-88 的操作中连在了一起。

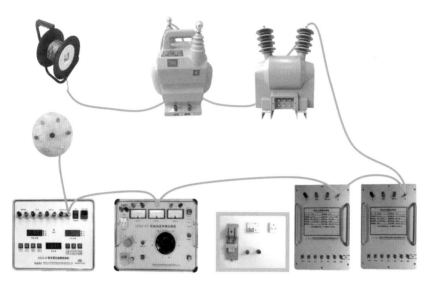

图 2-88　接地线的连接实物图

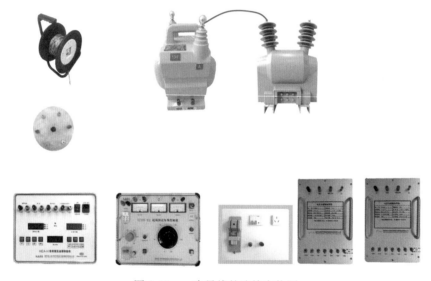

图 2-89　一次导线的连接实物图

（三）测差回路的连接

测差回路的连接实物图如图 2-90 所示，将被试电压互感器二次绕组的极性端（高端）"a"与标准互感器的极性端（高端）"a"连接，被试电压互感器二次绕组的非极性端（低端）"x"与互感器校验仪的"D"端子连接，电压负荷箱 FY1 并接在被试互感器二次绕组的"a"和"x"两端子间。

连接标准电压互感器二次绕组的"a、x"端子和互感器校验仪的"a、x"端子，同时将标准电压互感器二次绕组的"x"端子与互感器校验仪的"K"端子连接。

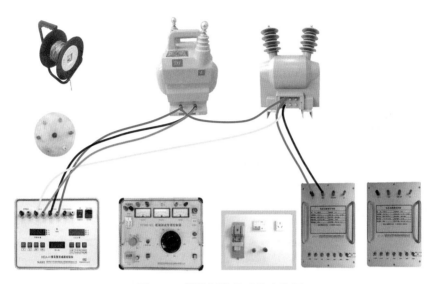

图 2-90　测差回路的连接实物图

（四）电源线的连接

先检查电源开关，确保其处于分断状态，将电源调控箱的两个输出端子用两根导线分别连接到自升压标准电压互感器的两个输入端子（L、N），再将电源调控箱的两个输入端子分别连接到电源盒的电源输出端子，见图 2-91，红色线和黑色线标出的为电源连接导线。现场如果具备三相电源，则尽量避免测试仪器工作电源与升压器电源使用同相，以免容量变化过大干扰校验仪正常工作。

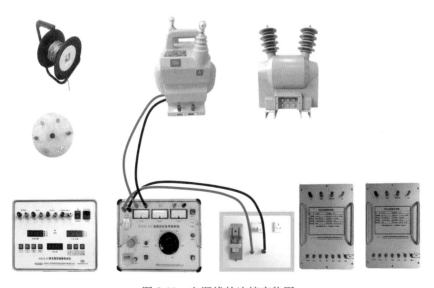

图 2-91　电源线的连接实物图

图 2-92 为图 2-88～图 2-91 实物图的组合，形成一个完整的电压互感器基本误差测量接线图。

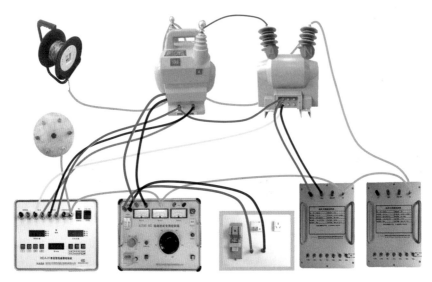

图 2-92　电压互感器基本误差测量接线实物图

当被试品为接地电压互感器（半绝缘），在测量误差时，与不接地电压互感器（全绝缘）相比，接线和操作有以下几处不同：①接地点由"X"变成了"N"；②校验仪的功能键由"100V"变成了"$100/\sqrt{3}$"；③负载箱的输入端由"Y、100V"变成了"Y、$100/\sqrt{3}$"；④被试品的第二绕组（2a～2n）也需要带上负载。

二、电压互感器的极性检查

电压互感器应为减极性。一般用电压互感器校验仪进行极性检查。标准互感器的极性是已知的，当按规定的线路图接好线通电时，如发现校验仪的极性指示器动作而又排除是由于变比接错、误差过大等因素所致，则可认为被试品与标准电压互感器的极性相反。

按比较法线路完成测量接线后，在额定电压的 5％以下测试极性。

具体操作步骤如下：

（1）检查负载箱并将其置于空载挡位，即 0VA 状态，如图 2-93 所示。

（2）合上电源开关（先闭合隔离开关，再合剩余电流动作保护器，如图 2-94 和图 2-95 所示）。

（3）逆时针方向调节调压器的粗、细条旋钮，确保其处于零位状态（零位指示灯亮起，如图 2-96 所示）。

（4）打开互感器校验仪电源，如图 2-97 所示，按下功能键"PT"，进入电压互感器误差测量界面，如图 2-98 所示。

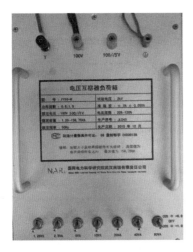

图 2-93　电压互感器负载箱初始位置 0VA 状态

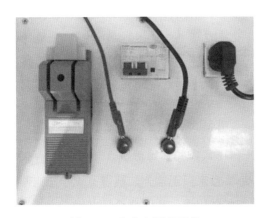

图 2-94　先合上隔离开关

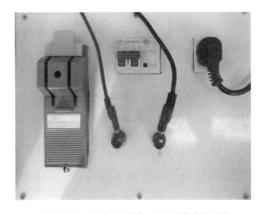

图 2-95　再合上剩余电流动作保护器

图 2-96　调压器零位指示灯

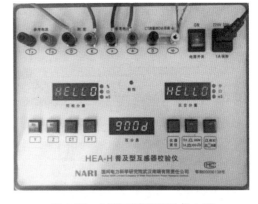

图 2-97　打开互感器校验仪电源

（5）启动电源控制箱，如图 2-99 所示，操作调节设备，应均匀缓慢地顺时针调节旋钮，此时观察校验仪的百分表窗口，确保百分表显示不超过额定电压的 5%，如图 2-100 所示。

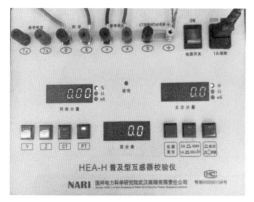

图 2-98　设置互感器校验仪功能键

图 2-99　启动调压器的启动按键

（6）当互感器校验仪的误差显示窗口显示有误差，且极性报警灯不亮，也没有报警声，则认为该电压互感器的极性为减极性。在极性正确的情况下，如果出现极性报警灯亮，或报警声响，一般是出现了较为严重的接线错误。

（7）将调压器按逆时针方向调到零位，并按下调压器的停止按钮以断开电源。在电压互感器现场检验原始记录上填写记录，如图 2-101 所示，后续将进行电压互感器误差测量的试验。

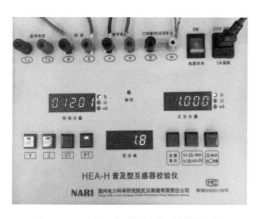

图 2-100　用互感器校验仪法测量极性

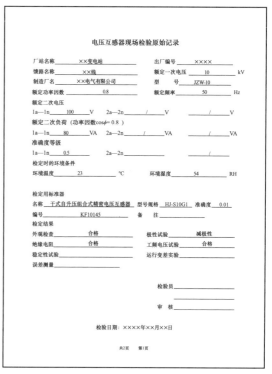

图 2-101　在原始记录上记录减极性

三、基本误差测量

具体操作步骤如下：

（1）额定负荷下的误差测量。

1）检查电压负载箱并正确设置挡位，额定负荷置 80VA 如图 2-102 所示。

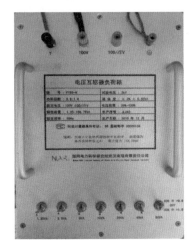

图 2-102　电压互感器负载箱额定负荷（80VA）状态

2）逆时针方向旋转调压器的粗细调旋钮，确保它们在零位。

3）复核无误后，打开电源开关（先闭合隔离开关，再合剩余电流动作保护器）。

4）打开互感器校验仪电源，设置电压互感器误差测量界面。

5）按下电源控制箱的"启动"按键，顺时针方向调节旋钮，升降应均匀缓慢地进行。

以上步骤参见电压互感器极性测量操作要领。

6）调节旋钮时，用眼睛观察互感器校验仪的百分表窗口，在额定二次负荷时，测试点按额定一次电压的 80%（见图 2-103）、100%（见图 2-104）、120% 选取（调整裕度不超过 ±2%），读取各点误差数据，记录在"电压互感器现场检验原始记录"的相应位置。测试完毕后将调压器的粗细调旋钮均回零，按下"停止"按键。后续将进行电压互感器下限负荷下的误差测量试验。

（2）下限负荷下的误差测量。

1）将负载箱调节到下限负载值，按照 2.5VA 选取，如图 2-105 所示。

2）重新启动调控箱的"启动"按键，依次调节测量在下限负荷时的额定一次电压的 80%（见图 2-106 所示）、100%（见图 2-107）误差数据，记录在"电压互感器现场检验原始记录"的相应位置，如图 1-108 所示。

图 2-103　额定负荷下 80％点误差

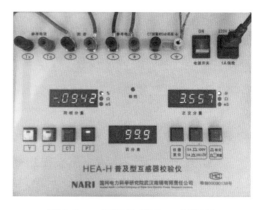

图 2-104　额定负荷下 100％误差

图 2-105　置于 2.5VA 的电压互感器负载箱

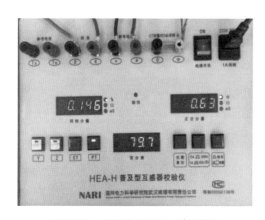

图 2-106　下限负荷下 80％点误差

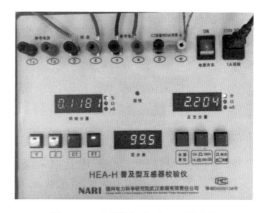

图 2-107　下限负荷下 100％误差

3）测试完毕后将调压器的粗、细调旋钮均回零，按下"停止"按键。

4）恢复二次测量设备至初始状态：①退出电压互感器误差测量界面并关闭互感器校

验仪电源；②将负载箱切换到空载挡位；③断开隔离开关和剩余电流动作保护器（先断开剩余电流动作保护器，再拉开隔离开关）。

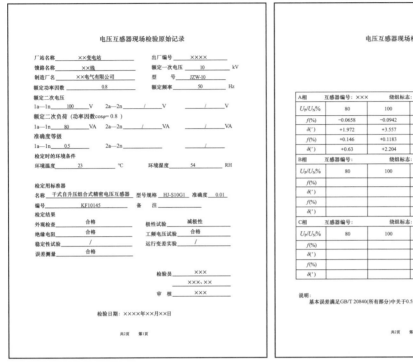

图 2-108 电压互感器现场检验原始记录数据

（三）试验后的放电

用放电棒对试验线路的一次回路、二次回路进行触碰。

（1）放电时，先把放电棒的金属端子通过接地线接地。

（2）然后用一只手抓住放电棒的绝缘柄，另一只手抓着绝缘杆，对需要放电的部位进行触碰。

（3）放电位置，一般选择升压器的输入端，试验一次回路和二次回路三个地方进行，如图 2-109 所示。

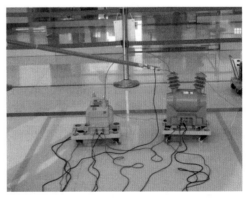

图 2-109 电压互感器误差试验后的放电

四、收工

（一）拆试验导线

（1）拆除临时接用电源。

（2）依次拆除一次和二次试验导线。

（3）拆除接地线。

（二）恢复、清理现场

（1）恢复被试互感器二次接线并经复核正确。

（2）整理、清点作业工具和检验设备。

（3）清扫整理作业现场，加装封印，并拍照留存。

（4）做好客户或厂站管理方的告知或签字确认事宜。

（三）现场收工

（1）清点工作班成员。

（2）确认工作任务完成情况。

（3）检查现场是否有遗留物品。

（四）办理工作票终结

（1）办理工作票终结手续，如图 2-110 所示。

（2）请运行单位人员拆除现场安全措施。

（3）组织工作班成员有序离开现场。

变电第一种工作票

单位 ××供电公司　　　　编号×××××××

1.工作负责人（监护人） ××××　　　　班组 检验检测班组

2.工作班人员（不包括工作负责人）

××、××××、××××、×××等共 4 人。

3.工作的变、配电站名称

××变电站××线路（线路编号为×××）计量用电压互感器现场试验

4.工作任务

工作地点及设备双重名称	工作内容
××变电站的××××线路(线路编号为×××)的计量点电压互感器	计量用电压互感器现场试验

5.计划工作时间：自××××年 ×× 月 ×× 日 ×× 时 ×× 分

至××××年 ×× 月 ×× 日 ×× 时 ×× 分

6.安全措施（必要时可附页绘图说明）

应拉断路器（开关）、隔离开关（刀闸）	已执行*
已断开××号断路器(开关)	已执行
应装接地线、应合接地开关（注明确实地点、名称及接地线编号*）	已执行
已装设××号接地线	已执行
应设遮拦、应挂标示牌及防止二次回路误碰等措施	已执行
已设置××号安全遮拦	已执行

★ 已执行栏目及接地线编号由工作许可人填写。

工作地点保留带电部分或注意事项（由工作票签发人填写）	补充工作地点保留带电部分和安全措施（由工作许可人填写）
××线路已停电	1. 严格按照作业指导书操作
1. 着装规范：穿工作服、绝缘鞋，戴安全帽、线手套	2. 加强监护，做到“四不伤害”
2. 操作过程中严禁TV二次回路短路	3. 带电区域四周，已设置安全围栏，出、入人员要走指定通道
3. 工作时使用合格的工器具	
4. 保持与带电部位足够的安全距离	

工作票签发人签名 ×××　签发日期：×××× 年 ×× 月 ×× 日 ×× 时 ×× 分

7.　收到工作票时间 ×××× 年 ×× 月 ×× 日 ×× 时 ×× 分

运维人员签名 ×××　　　　工作负责人签名 ×××

8. 确认本工作票1~7项

工作负责人签名 ×××　　　　工作许可人签名 ×××

许可开始工作时间：×××× 年 ×× 月 ×× 日 ×× 时 ×× 分

9. 确认工作负责人布置的工作任务和安全措施

工作班组人员签名：×××、×××、××、×××

10. 工作负责人变动情况

原工作负责人______离去，变更______为工作负责人

工作票签发人______ ______年___月___日___时___分

11. 工作人员变动情况（变动人员姓名，日期及时间）：

工作负责人签名 ______

12. 工作票延期

有效期延长到______年___月___日___时___分

工作负责人签名______ ______年___月___日___时___分

工作许可人签名______ ______年___月___日___时___分

13. 每日开工和收工时间（使用一天的工作票不必填写）

收工时间				工作负责人	工作许可人	开工时间				工作许可人	工作负责人
月	日	时	分			月	日	时	分		

14. 工作终结

全部工作于 ×××× 年 ×× 月 ×× 日 ×× 时 ×× 分结束，设备及安全措施已恢复至开工前状态，工作人员已全部撤离，材料工具已清理完毕，工作已终结。

工作负责人签名 ×××　工作许可人签名 ×××

15. 工作票终结

临时遮拦、标示牌已拆除，常设遮拦已恢复。未拆除或未拉开的接地线编号 ×× 等共 × 组、接地刀闸（小车）共 × 副（台），已汇报调度值班员。

工作许可人签名 ×××　　××××年 ×× 月 ×× 日 ×× 时 ×× 分

16. 备注

(1) 指定专责监护人______负责监护______（地点及具体工作）

(2) 其他事项：______

图 2-110　电压互感器现场检验变电第一种工作票终结

（五）根据试验结果判断结论

根据极性测试结果、误差试验测试结果等，填写试验报告（见图 2-108）。

思政小知识

"光明守护者"吕清森

吕清森，是吉林省桦甸市一名送电检修班工人。他穿林海、卧雪原，在东北长白山深处独行，巡护线路安全；他追太阳，寻雷电，首创"采光巡线法"等工作方法，发现供电隐患数千处，为国家节约维修开支数千万元；他寂寞坚守，苦中作乐，在这条吉林省内环境最恶劣、巡护难度最大的输电线路上，一走就是31年，7万多千米，相当于绕地球赤道近2圈。这一切，只是为了守护"万家灯火的事业"。

任务评价

电压互感器基本误差试验评价表见表2-17。

表2-17　　　　　　　　　电压互感器基本误差试验评价表

姓名		学号					
序号	评分项目	评分内容及要求	评分标准	扣分	得分	备注	
1	预备工作（5分）	1）安全着装。2）工器具检查	1）未按照规定着装，每处扣1分。2）工器具选择错误，每次扣2分；未检查扣1分。3）其他不符合条件，酌情扣分				
2	班前会（10分）	1）交代工作任务及任务分配。2）危险点分析。3）预控措施	1）未交代工作任务，扣5分/次。2）未进行人员分工，扣5分/次。3）未交代危险点，扣5分；交代不全，酌情扣分。4）未交代预控措施，扣5分。5）其他不符合条件，酌情扣分				
3	放电与接地（10分）	1）充分放电。2）接地	1）未放电，扣5分/次。2）未正确放电，扣3分。3）未正确接地，扣5分/次。4）其他不符合条件，酌情扣分				
4	设置安全措施及温湿度计（5分）	1）安全围栏。2）检查环境	1）未检查安全围栏设置情况，扣5分，设置不正确，扣3分。2）检验前未检查环境条件扣5分。3）其他不符合条件，酌情扣分				
5	绕组极性检查（15分）	1）要求能够正确检查、判断所测绕组的极性。2）要求在5%I_N以下判定	1）结论判断错误，扣10分。2）操作流程不正确，扣2分。3）方法不正确扣2分。4）超过5%额定电流，扣5分				

续表

序号	评分项目	评分内容及要求	评分标准	扣分	得分	备注
6	正确接线（15分）	根据检定规程规定，正确完成地线、一次、二次接线及电源线的连接（接线顺序：地线、一次线、二次测试线、电源线，拆线顺序与接线相反）	1）未按规定顺序接、拆线，每次扣2分。 2）申请合闸通电后，经老师提醒，自己检查出接线错误并改正每次扣8分；自己未检查出错误，由老师指出错误并改正每次扣12分。 3）"校验仪接地点""接地盘"此2点少一处扣12分，其他接地少接一处扣3分			
7	误差测量（25分）	根据规程规定对互感器在额定负载和下限负载下测定其误差	1）调压器不在零位而送、停试验电源者，每次扣5分。 2）未开启校验仪工作电源而进行调压器操作者，每次扣3分（未按"启动"按钮进行调压器操作，自己发现不扣分，由老师指出扣2分）。 3）检验设备功能键或挡位选择错误，每处（次）扣2分（负荷箱VA值挡位错扣8分）。 4）在未断电的情况下，切换负载箱挡位，每次扣3分。 5）测试点选择不正确，每点扣5分（按JJG 1189.4的要求）。 6）检验结束未切断总工作电源而拆除试验导线，扣8分。 7）试验一次导线连接不牢固造成试验中脱落扣10分；二次接线脱落扣6分。 8）调整测试点偏离规定值的±2%每点扣0.5分。 9）停、送电顺序错误每次扣2分。 10）其余不当操作每次扣1分			
8	整理现场（5分）	恢复到初始状态	1）未整理现场，扣5分。 2）现场有遗漏，每处扣1分。 3）离开现场前未检查，扣2分。 4）其他情况，请酌情扣分			
9	综合素质（10分）	1）着装整齐，精神饱满。 2）现场组织有序，工作人员之间配合良好。 3）独立完成相关工作。 4）执行工作任务时，大声呼唱。 5）不违反电力安全规定及相关规程				
10	总分（100分）					

试验开始时间　　　时　　分 试验结束时间　　　时　　分	用时：　　　分

教师	

任务拓展

一、直流法检查电压互感器极性的方法

确定电压互感器的极性按图 2-111 接线，将适当小量程的直流电压表接在互感器的二次侧，在一次侧施加 1.5～12V 直流电压。电源及电压表的极性如图 2-111 所示，当开关 K 接通电源瞬间，电压表 V 指针向正方向偏转则线圈极性为减极性，也就是说图中极性标志正确，反之为加极性。当开关 K 断开电源瞬间，电压表 V 指针偏方向与接通时相反，也说明图中极性标志正确。

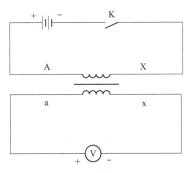

二、标准电压互感器介绍

检验使用的标准电压互感器，额定变比应和被检互感器相同，准确级至少比被检互感器高两个等级，在检验环境条件下的实际误差不大于被检互感器基本误差限值的 1/5。标准器的变差（电压上升与下降时两次测得误差值之差），应不大于它的基本误差限值的 1/5。

图 2-111　用直流法确定电压
互感器极性的接线方式

标准器的实际二次负荷（含差值回路负荷），应不超出其规定的上限与下限负荷范围。如果需要使用标准器的误差检验值，则标准器的实际二次负荷（含差值回路负荷）与其检验证书规定负荷的偏差，应不大于 10%。

现场检验电压互感器一般使用准确度 0.05 级或 0.02 级的标准电压互感器，如图 2-112 和图 2-113 所示。额定二次电压为 100V、$100/\sqrt{3}$ V，目前用于现场检验 10、35、110220kV 的电压互感器多采用精密电压互感器作标准器，随着标准电压互感器制造技术

图 2-112　10kV 自升压标准电压互感器

图 2-113　220kV 气体绝缘标准电压互感器

的成熟，330～1000kV 的电磁式标准电压互感器也用于现场检验。这些互感器主要采用 SF₆ 气体绝缘，如图 2-114 和图 2-115 所示。

图 2-114　500kV 电磁式标准电压互感器

图 2-115　1000kV 电磁式标准电压互感器

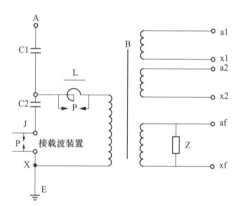

图 2-116　电容式电压互感器原理图

C1—高电压电容器；C2—中间电压电容器；
A—由耦合电容器组成的分压器；L—共振电抗器；
P—保护间隙；B—电磁式中间变压器；
a1～x1—主二次绕组 1；a2～x2—主二次绕组 2；
af～xf—剩余二次绕组；Z—阻尼器

三、 CVT 的基本原理

　　电容式电压互感器（capacitive voltage transformer，CVT）的工作原理接线图如图 2-116 所示，它由电容分压器和电磁单元两部分组成，是先通过分压电容器 C1、C2 分压，见图 2-116 中的 A，使一次电压变至中间电压，再用中间电压变压器 B 将中间电压变至二次测量和继电保护所需的电压值。采用补偿电抗器来补偿电容分压器的容抗。为了防止 CVT 本身的铁磁谐振而特设了阻尼器。阻尼器是电容式电压互感器必备的装置，其作用是消除由于外界条件激发的内部铁磁谐振。目前国内外用于 CVT 的阻尼器主要有三种类型：纯电阻型、并联谐振型阻尼器、速饱和电抗器型阻尼器。

它们一般接在 CVT 二次的剩余绕组 af～xf 上。剩余二次绕组是用来接成开口三角以便在接地故障下产生一故障电压的一种二次绕组，它的负荷是瞬时的，一般不计入互感器的总容量。主二次绕组用来给测量仪器、仪表、继电器或其他类似电器的回路供电以达到测量、保护和监控的目的。

由电容器分压原理可知（见图 2-116），由于电容器的容抗很大，在分压电容器上的输出电压随着负荷的变化而变化，给分压器带来很大的误差，因此电容分压器只能空载运行，作为电压比例标准，而不能带负荷，当作电压互感器使用。

为了使电容分压器能带负荷，线路中串入一个补偿电抗器，在额定频率下，电抗器的电抗值加上变压器的漏抗值大致等于电容分压器的两部分并联电容值（C_1+C_2）的容抗值，以用来补偿电容的容抗。见图 2-116 中的 L。

为了减小误差，电抗器一般采用带空气间隙的铁芯以保证线性度好，电抗器及中间变压器作成有抽头的线圈。调整电抗器气隙及线圈抽头就可以调整互感器的角差和比差；其次必须提高分压器的输出电压，以降低负荷导纳的折算值，为此还需要通过一个电磁式电压互感器（即中间变压器）降压。

由图 2-117 知：

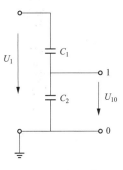

$$U_{10} = U_1 \frac{C_1}{C_1+C_2} = U_m$$

图 2-117　电容器分压图

由戴维南定理可得 1-0 端子处的入端阻抗为 $X_{10} = \dfrac{1}{\omega (C_1+C_2)} = X_c$，再将图 2-116 中的中间变压器 B 用互感器等值电路替代，则可得到图 2-118 所示的等值电路。

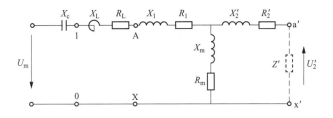

图 2-118　CVT 的等值电路

X_c—等值电容 C 的电抗；X_L—共振电抗器的电抗；R_L—共振电抗器的等值电阻；

X_1—中间变压器一次绕组漏抗；R_1—中间变压器一次绕组电阻；

X_2'—中间变压器二次绕组漏抗（折算到一次）；R_2'—中间变压器二次绕组电阻（折算到一次）；

X_m—中间变压器激磁电抗；R_m—中间变压器铁芯损耗等值电阻

由图 2-116 可知，为了能使 CVT 得到高的准确度，在产品设计时，尽量使得共振电抗器、分压电容等参数满足 $X_c \approx X_L + X_1 + X_2'$，正是由于 $X_c \approx X_L + X_1 + X_2'$，即接近串联谐振，就使 CVT 的变比误差对电网频率变化很敏感，当频率偏离额定值时，感抗和容抗偏离谐振从而产生剩余电抗，这将会给 CVT 带来附加误差。图 2-119 为 500kV 电容式电压互感器外观图。

图 2-119   500kV 电容式
电压互感器

四、 CVT 的误差测量方法

对于 0.2 级电压互感器的现场检验，所用设备最早是上个世纪末武汉高压研究所研制"PTXJ-500 电压互感器现场检验装置"，该装置采用串联谐振升压，低压标定标准电容，高压测量试品的方法，方法主要解决的问题有两个：一是解决了在现场升压的问题；二是解决了标准器的问题。由于 CVT 的前级是电容，如果采用传统的电磁式升压方式，会消耗很大的无功能量，一般的现场试验电源都满足不了这种需求，所以该装置设计独特，较好地解决了现场升压难的问题。

经过多年的发展，目前的试验装置已得到了很大的改进，国内研究机构和设备制造厂商不仅将串联谐振式的积木式电抗器变成了相对固定一体式，关键是还研制出了电磁式 500kV、1000kV 的电压互感器标准，这大大降低了现场 CVT 误差试验的劳动强度，减少了试验难度，为我们国家的特高压建设做出了极大的贡献。

（一）串联谐振式升压装置的原理

典型的串联谐振装置（见图 2-120）包括电源 E'，调压器 TD，激励变压器 T，电抗器 L' 及电容型试品 C'。线路结构如图 2-120 (a) 所示，图 2-120 (b) 是图 2-120 (a) 的等效电路，它把电源侧的回路参数折算到 T 的二次侧。其中 R 是回路的铜损、铁损及试品损耗的等效电阻，L 是 T 的漏电抗与串联电抗的和，C 是回路对地电容与试品电容的和。对于大电容量的试品，回路对地电容可以忽略。

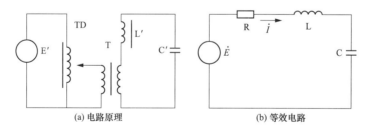

(a) 电路原理   (b) 等效电路

图 2-120   串联谐振装置线路

在正弦稳态条件下，回路方程可用复数符号表示。

$$\dot{E} = R\dot{I} + jwL\dot{I} + \dot{I}/jwC \tag{2-1}$$

记 $X_L = wL$，$X_C = 1/wC$，可得到电容 C 上的电压降表示式为

$$U_C = IX_C = EX_C / \sqrt{R^2 + (X_L - X_C)^2} \tag{2-2}$$

当 $X_L = X_C$ 时，回路进入谐振状态。

$$U_C/E = X_C/R = X_L/R = Q \tag{2-3}$$

Q 称为回路的品质因数。Q 值越高，谐振时产生的电压升幅就越大，一般串联谐振回路的 Q 值在 $10 \sim 30$。

用串联回路产生高电压有以下优点：①电源容量小。②短路电流小。③波形畸变小。④不产生过电压。

由（2-3）式可见，只要回路的 $X_L = X_C$，即可进入谐振状态，由于现场电源的频率是固定的，试品的载波耦合电容也是固定的，欲使回路达到谐振状态，只有调节回路的电抗值。实际上，该方法的升压部分正式用串联电抗器组合方式来调节回路参数实现谐振的。

现场 220kV 串联谐振式升压实景图见图 2-121，图中的积木式设备为电抗器。

图 2-121　220kV 串联谐振式升压装置

（二）　CVT 的误差测量方法

在前面的电磁式电压互感器现场基本误差试验中，给大家介绍的是高端对接，低端测差的试验方法。随着电压等级的提高，有试验表明，当开展额定一次电压为 220kV 时电压互感器误差试验时，由于低端测差时的试验回路与电压互感器运行时的接地状况不一致，导致有泄漏电流引起的附加误差，为此，对 220kV 及以上的电压互感器现场试验，首先推荐使用低端对接、高端测差的方法，这一点，同样适用 CVT 现场误差试验。

用标准电磁式电压互感器检验电容式电压互感器误差的线路如图 2-122 所示，充分利用了 CVT 前级电容的电容值，与带到现场的可调式电抗器和激励电源构成了串联谐振回路，图 2-122（a）中给出了高端测差的试验接线图，图 2-122（b）给出了低端测差的试验接线图。

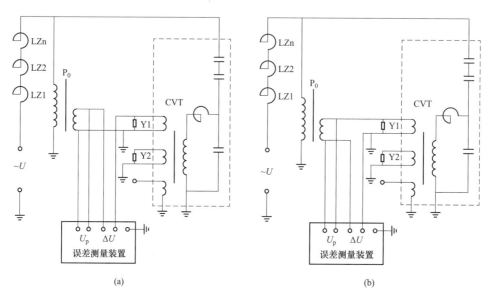

图 2-122　用标准电磁式电压互感器检验电容式电压互感器误差的线路

P_0—标准电压互感器；LZ1～LZn—谐振电抗器；

CVT—被检电容式电压互感器；Y1、Y2—电压负荷箱

五、高压电磁式电压互感器的现场误差试验

在前面的电磁式电压互感器现场基本误差试验中，给大家介绍的升压方式是电磁式升压器升压的，随着电压等级的提高，升压器的重量越来越重，体积越来越大，即便是电磁式电压互感器，一般我们也会分别采用电抗器、串联谐振电容和激励升压器构成谐振回路进行升压，尤其是针对 220kV 以上的电压互感器。

在敞开式变电站进行电压互感器的误差试验的接线图见图 2-123，图中的升压装置采用了串联谐振的方式，LZ1～LZ3 为可调式谐振电抗器，C1、C2 为谐振电容，为了运输和使用方便，220kV 及以上电压等级的互感器，我们均采用了这种升压方式。图 2-124 是高端测差的接线图。而对 110kV 及以下的电磁式电压互感器，由于重量相对较轻，一般我们采用电磁式升压器直接升压。

六、 GIS 中电磁式电压互感器的现场误差试验

对 GIS 中的电压互感器，由于存在着母线管道的分布电容，220kV 及以上的电压等级，我们用串联谐振升压装置，利用其电感可调的特点，进行升压相对容易，对 110kV 及以下的电磁式电压互感器，由于分布电容较小，我们也采用电磁式升压器对其直接升压，必要时，可外接电抗器补偿管道的分布电容，具体分布电容值的大小可参照表 2-18 估算，一般用二次电压为 100kV、电流为 0.1A 的电磁式升压器就足以满足 110kV 的升压要求。

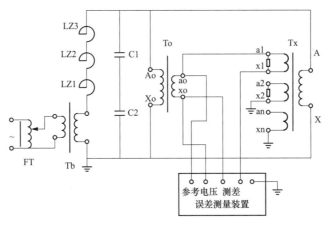

图 2-123 敞开式变电站电压互感器误差检验图（低端测差）

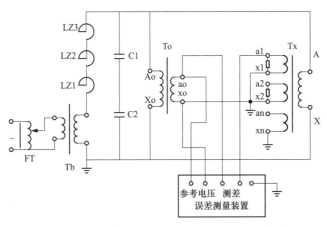

图 2-124 敞开式变电站电压互感器误差检验图（高端测差）

表 2-18   GIS 设备中各元件入口电容值的代表性参数

元件名称	额定电压（kV）		
	110	220	500
变压器（pF/相）	2000~8000	2000~13000	5000~10000
断路器（pF/相）	150	250	500
隔离开关（pF/相）	70	100	150
浇注型电容式电压互感器（pF/相）	800①	6000② 2000③	2000
增幅型电压互感器（pF/相）			15
单相母线（pF/m）	55	55	55
三相母线（pF/m）	$C_0=30$ $C=5$		$C_0=105$④ $C=40$
电容型套管（pF）	300	300	700
SF_6 型套管（pF）	30	50	

① 浇注型电压互感器；

② 电流 6000A 为母线用；

③ 电流 2000A 为线路用；

④ 压缩气体绝缘电缆（CGI）的实测值。

由于被试品封闭在壳体内，而不像敞开式变电站的电压互感器可直接将其高压一次端和标准器相并联，一般采取从高压套管送入高电压信号，通过母线将信号加载到被试的电压互感器一次高端，以满足标准电压互感器和被试品相并联的目的。我们还是以图 2-125 为例来说明。

分析图 2-125 可知，除了母联以外，共有 4 条出线和 1 条主变共 5 个间隔，分别可以利用这 5 个高压套管均可以将高压信号送到母线，考虑到变电站的实际结构，一般会选择将主变侧作为一次信号的送入点，因为主变压器间隔和出线间隔基本上都是分布在母线的两侧，由于出线侧往往还安装有避雷器、滤波器等设备，空间相对狭小，有的站甚至连路都没有，所以不论从试验设备的运输、放置还是一次试验导线的连接，均不方便，而主变压器侧由于直接和变压器相连，考虑到变压器运输的方便，所以主变压器侧套管和变压器之间总有条路，这是选择主变压器套管作为一次信号的送入点的主要原因。

为此，1 号主变压器间隔和被试 TV 线路需要做的技术和安全措施是：拆开高压套管高端和母线的连接导线（如果母线已连接），将主变压器间隔的 TA1～TA8 二次绕组短路并接地，断开 D34、D54、D64、2AD1、2AD2、1AD1、1AD2，断开电压互感器二次计量绕组、二次测量绕组及二次保护绕组的开关，闭合 E34、F44、E14、Y21A、Y22A。操作措施完成后形成的试验线路见图 2-126，图 2-127 是高端测差的线路图。同时其他无关的间隔必须从母线断开并可靠接地，具体见图 2-125，所做的操作为：断开 E11、E21、E12、E22、E13、E23、E15、E25、E16、E26，闭合 D61、D52、D62、D63、D65、D66，这里只是针对给 1 号母线 TV 加压所做的操作，为了减少劳动强度，提高效率，一般我们来回的切换 E14、E24，做到接一遍一次线，可以现场检验两只 TV。

举例来说，假设我们目前做的是 1 号母线 TV 的 A 相，做完后，断开 E14、闭合 E24，更换相应的二次线后，就可以做 2 号母线 TV 的 A 相，接着再做 2 号母线 B 相。断开 E24、闭合 E14，做 1 号母线 TV 的 B 相，接着再做 1 号母线 C 相，断开 E14、闭合 E24，最后做 2 号母线 C 相。由于 Y21A、Y22A 在做最初的操作时已经闭合，所以整个过程只需来回切换 E14、E24 即可。

需要注意的是，由于电压互感器的二次负载是并接在各二次绕组上的，为了避免负载电流在二次导线上形成的压降被当作误差测量，电压互感器的二次信号的采集应在 TV 端子盒根部，而不能在 TV 二次端子箱出采集。GIS 中的电压互感器外观图见图 2-128。

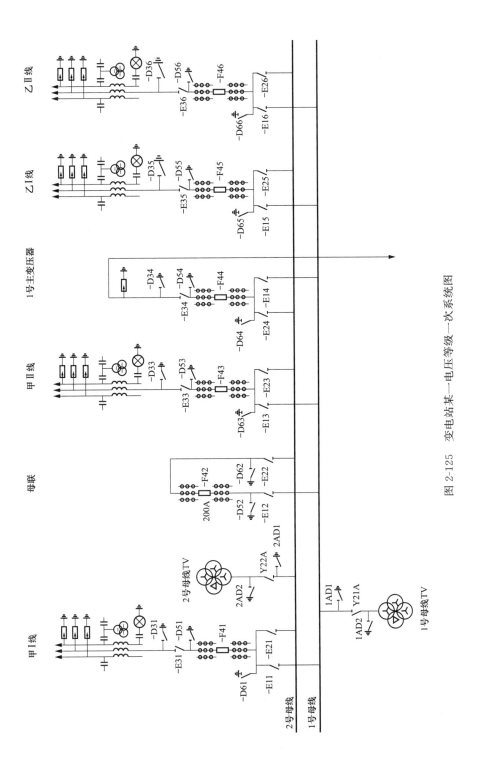

图 2-125　变电站某一电压等级一次系统图

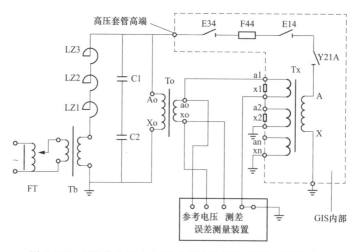

图 2-126 GIS 变电站中电压互感器误差检验图（低端测差）

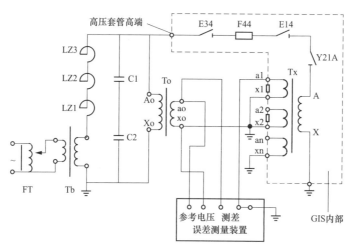

图 2-127 GIS 变电站中电压互感器误差检验图（高端测差）

图 2-128 GIS 中的电压互感器外观

参 考 文 献

［1］ 徐家恒，曲效武，郑磊，等. 126kV GIS 中互感器的误差试验［J］. 高压电器，2003，39（2）：56-58.

［2］ 徐家恒，郑磊，曲效武，等. 电容式电压互感器现场误差测量必要性分析［J］. 山东电力技术，2003，130（2）：6-8.

［3］ 徐家恒，郑磊，祝福，等. 500kV H-GIS 站电流互感器误差异常的分析及意义［J］. 高压电器，2009，45（2）：102-105.

［4］ 徐家恒，李东，丁宪勤，等. GIS 变电站中互感器的误差试验方法［J］. 高压电器，2009，45（6）：128-131.

［5］ 徐家恒，岳巍，郑磊，等. 电流互感器二次绕组出线端子顺序与设计不符所引起的问题探讨［J］. 变压器，2009，46（11）：36-39.

［6］ 徐家恒，李东，郑磊，等. 110kV GIS 变电站主变间隔开关缺陷引起的安全隐患分析与处理［J］. 山东电力技术，2009，167（3）：37-38.

［7］ 国家电网公司人力资源部. 电气试验［M］. 北京：中国电力出版社，2011.

［8］ 国家电网有限公司. 营销现场作业安全工作规程（试行）［M］. 北京：中国电力出版社，2021.